输变电设备信息管理手册

内蒙古电力（集团）有限责任公司　组织编写
牛继荣　张叔禹　郭红兵　荀华　主编

中国水利水电出版社
www.waterpub.com.cn
·北京·

内 容 提 要

本书包括生产管理信息系统操作说明和输变电一次设备信息台账录入规范两大部分。生产管理信息系统操作说明包括系统配置与功能、设备基础信息录入、状态检修和在线监测 4 部分内容。输变电一次设备信息台账录入规范包括基础信息管理要求、术语和定义、变电站命名规范、间隔命名及录入规范、一次设备命名及录入规范、变电一次设备相关信息录入规范、设备的部件/附属设备及录入规范、输电线路台账录入规范 8 部分内容。

本书可供输变电设备运行维护、检修、试验等技术人员和生产管理人员阅读，也可供大专院校有关专业师生参考。

图书在版编目（CIP）数据

输变电设备信息管理手册 / 牛继荣等主编 ； 内蒙古
电力（集团）有限责任公司组织编写. -- 北京 ： 中国水
利水电出版社，2018.9
ISBN 978-7-5170-6916-4

Ⅰ. ①输… Ⅱ. ①牛… ②内… Ⅲ. ①输电－电气设
备－设备管理－信息管理－技术手册②变电所－电气设备
－设备管理－信息管理－技术手册 Ⅳ. ①TM72-62
②TM63-62

中国版本图书馆CIP数据核字(2018)第218712号

书 名	**输变电设备信息管理手册** SHUBIANDIAN SHEBEI XINXI GUANLI SHOUCE	
作 者	内蒙古电力（集团）有限责任公司　组织编写 牛继荣　张叔禹　郭红兵　荀 华　主编	
出版发行	中国水利水电出版社 （北京市海淀区玉渊潭南路 1 号 D 座　100038） 网址：www. waterpub. com. cn E - mail：sales@waterpub. com. cn 电话：(010) 68367658（营销中心）	
经 售	北京科水图书销售中心（零售） 电话：(010) 88383994、63202643、68545874 全国各地新华书店和相关出版物销售网点	
排 版	中国水利水电出版社微机排版中心	
印 刷	北京合众伟业印刷有限公司	
规 格	184mm×260mm　16 开本　12.25 印张　240 千字	
版 次	2018 年 9 月第 1 版　2018 年 9 月第 1 次印刷	
印 数	0001—4000 册	
定 价	**70.00 元**	

凡购买我社图书，如有缺页、倒页、脱页的，本社营销中心负责调换

版权所有·侵权必究

《输变电设备信息管理手册》
编 委 会

主　编　牛继荣　张叔禹　郭红兵　荀　华

参　编　闫续锋　杨　军　付文光　杨　玥　李哲君

　　　　胡耀东　徐　肃　董永永　谢逸逍　陈　波

　　　　赵　磊

主　审　侯佑华　贾新民　夏洪刚

前言
FOREWORD

　　本书包括生产管理信息系统操作说明和输变电一次设备信息台账录入规范两大部分。生产管理信息系统操作说明包括系统配置与功能、设备基础信息录入、状态检修和在线监测 4 部分内容。系统配置与功能部分包括系统配置要求、基本功能使用和权限配置等内容。设备基础信息录入功能模块应用部分包括一次设备台账录入、附属设备台账录入、设备缺陷记录录入、设备检修记录录入、设备试验记录录入、设备试验报告录入、不良工况录入和无效数据删除。状态检修功能模块应用部分包括三级评价操作流程、设备状体查询、评估报告查询和检修计划编制等内容。在线监测功能模块应用部分包括在线监测装置台账的录入和站控系统录入等内容。输变电一次设备信息台账录入规范包括基础信息管理要求和变电站、间隔、变电一次设备、部件以及线路的基本台账信息录入要求等内容。

　　通过阅读本书，各供电单位基层人员可以通过生产管理信息系统完成如下工作任务：

　　（1）建立和维护所辖电网内的变电站、线路、电缆以及站内变电一次设备台账。

　　（2）录入变电一次设备和线路在运行、巡检、检修等过程中发现的各类缺陷，完成缺陷上报、处理、验收等缺陷流传各环节的闭环管理。

　　（3）建立设备检修记录档案，记录设备的检修时间、检修内容、检修结果验收等信息，实现检修环节的闭环管理。

　　（4）录入一次设备的试验报告，记录设备试验时间、试验内容、试验数据、试验结论等试验信息，实现试验报告的闭环管理。

（5）建立一次设备不良记录档案，记录变压器过励磁、过负荷、遭受短路冲击以及断路器累积开断故障电流等信息。

（6）实现对一次设备状态信息收集、状态评价与风险评估、检修计划生成、检修绩效评估的状态检修全过程技术管理。

（7）实现对在线监测装置的统一管理。

由于编者水平有限，时间仓促，书中难免有不妥之处，敬请读者批评指正。

作者

2018 年 6 月

目录
CONTENTS

第二篇　输变电一次设备信息台账录入规范

第一篇

生产管理信息系统操作说明

第一章

系统配置与功能

第一节 系统配置要求

一、硬件配置要求

使用人员请确认计算机是否满足以下最低系统要求：1GB 以上的内存。

二、操作系统要求

使用人员请确认计算机是否满足以下最低的操作系统安装要求：

（1）操作系统建议安装 Windows 操作系统。

（2）操作系统请打 Windows 官方要求的补丁，同时建议自动升级最近的补丁包。

（3）系统按照要求进行安全设置，如启动防火墙等。

三、系统软件要求

使用人员请确认计算机是否满足以下最低的软件安装要求：

（1）至少安装一种防病毒软件，并启动实时保护，如诺顿、瑞星等。

（2）至少安装 Office 相关软件，其中 Word、Excel 必须安装。

（3）至少安装一种可以阅读 PDF 文件的软件，如 Adobe 公司的 Reader、Cool PDF Reader 等。

（4）至少安装一种浏览器，建议安装 IE 浏览器，同时 IE 浏览器要求版本 6.0 以上。查询 IE 版本如图 1-1-1 所示。

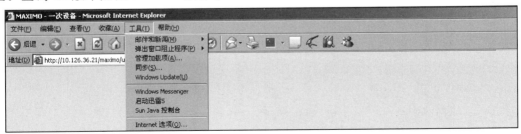

图 1-1-1　IE 版本查询

如果 IE 浏览器版本低于 6.0，请到网上下载 IE6.0 安装升级，并安装浏览网页必要的浏览器的插件，如 flash_player_active 等。

四、生产管理信息系统软件要求

IE 浏览器做相关设置，并下载图形控件。

1. "信任站点"的设置流程

（1）双击打开，在页面上找到"工具"页签，点击"工具"，弹出如图 1-1-2 所示对话框，在页面处找到 Internet 选项。

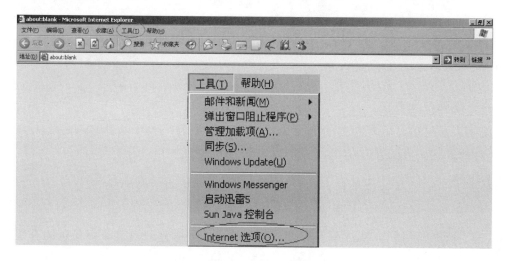

图 1-1-2　"工具"页签界面

（2）点击"Internet 选项"，弹出如图 1-1-3 所示对话框，在页面处找到"安全"选项，点击"安全"，弹出"安全"页签对话框，在对话框中找到受信任的站点。"安全"页签界面如图 1-1-3 所示。

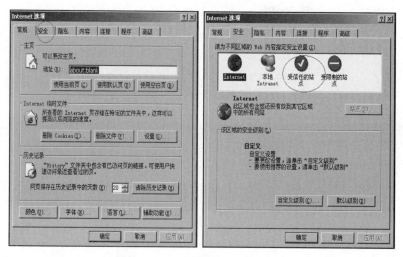

图 1-1-3　"安全"页签界面

（3）点击"受信任的站点"，同时"站点"变亮，点击变亮的"站点"，弹出对话框"可信站点"，在页面所标注的红色方框中，输入生产管理信息系统的网址，如 http://app.impc.com.cn/sc，同时点击"添加"按钮即可。"站点"界面如图 1-1-4 所示。

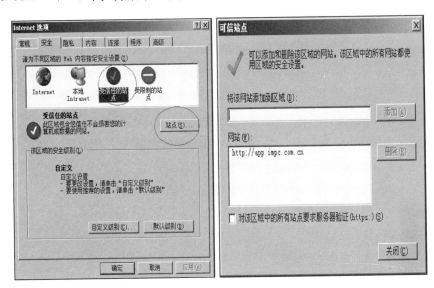

图 1-1-4 "站点"界面

注意：把"对该区域中的所有站点要求服务器验证（https:）"方框中的勾清除。

2."可信站点"安全级别设置流程

在"Internet 选项"中，选中"可信站点"再点击这一界面中"自定义级别"进行设置；按照"可信站点"安全级别界面的内容设置 ActiveX 控件和插件部分的内容。"可信站点"安全级别界面如图 1-1-5 所示。

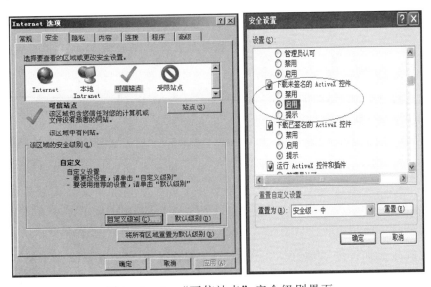

图 1-1-5 "可信站点"安全级别界面

3. 图形控件下载流程

（1）在系统变电第一种工作票、图形开票、维护图形中，都需要下载相同的控件，但只要下载一次即可。当进入这些模块时，就会进入"编辑图元"界面，如图 1-1-6 所示。

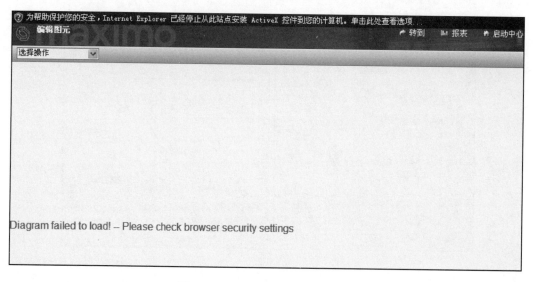

图 1-1-6 "编辑图元"界面

（2）点击"单击此处查看选项"（即 Please check browser security settings），安装控件，显示安装控件提示界面如图 1-1-7 所示，请点击"安装"。

图 1-1-7 安装控件提示界面

（3）点击"安装"后，出现图形控件安装完成界面，如图 1-1-8 所示，点击鼠标左键即可使用。

（4）至此，图形控件下载完毕，图形的使用请参见图形使用说明手册，图形使用界面如图 1-1-9 所示。

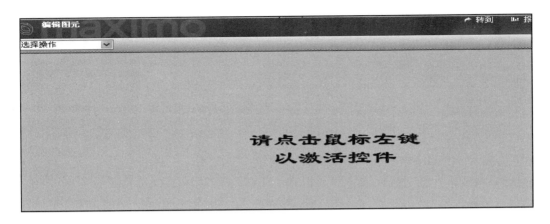

图 1-1-8 图形控件安装完成界面

图 1-1-9 图形使用界面

第 二 节 基 本 功 能 使 用

一、系统登录

1. 访问地址

登录 http://app.impc.com.cn 后,点击"生产系统"图标,就可以进入内蒙古电力公司生产管理信息系统(简称生产 MIS),"生产系统"登录界面如图 1-1-10 所示。

2. 系统登录

(1) 使用人员用户名和密码由公司信通管理员建立并管理,初始密码为 ABC123。

(2) 使用人员用户名和密码区分大小写。

(3) 修改密码时,密码至少要 6 位,不允许与上次使用相同密码。

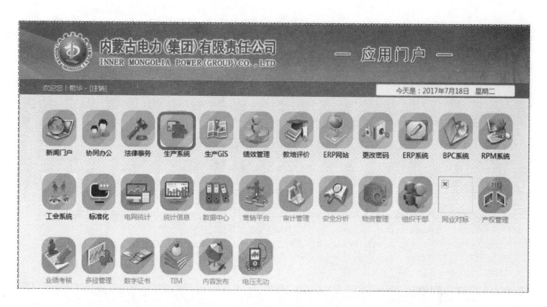

图 1-1-10 "生产系统"登录界面

3. 正式系统修改密码流程

（1）打开 IE 浏览器，在地址栏中输入 http://app.impc.com.cn，进入公司门户系统，内蒙古电力（集团）有限责任公司门户系统界面如图 1-1-11 所示。

图 1-1-11 内蒙古电力（集团）有限责任公司门户系统界面

（2）点击页面中的"更改密码"按钮，"应用门户"系统界面如图 1-1-12 所示。

（3）再点击页面中的"更改密码"链接，"更改密码"链接界面如图 1-1-13 所示。

（4）在更改密码页面输入新密码和确认密码后，点击"确定"按钮，"更改密码"界面如图 1-1-14 所示。

图 1-1-12 "应用门户"系统界面

图 1-1-13 "更改密码"链接界面

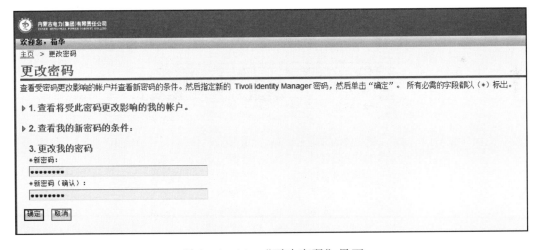

图 1-1-14 "更改密码"界面

二、系统界面说明

常用应用程序的图标显示在左侧,常用应用页签如图 1-1-15 所示。

图 1-1-15 常用应用页签

（1）通知。单击它可以显示通知栏并查看消息，当存在有效的通知时，才显示该链接，"通知"界面如图1-1-16所示。

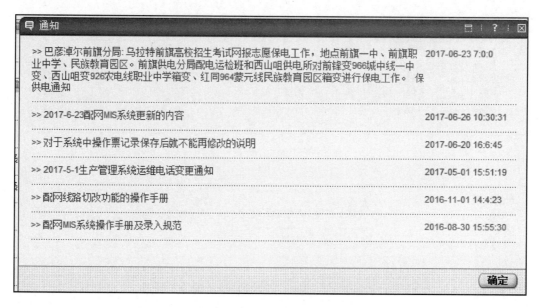

图1-1-16 "通知"界面

（2）菜单。单击它可以显示模块菜单，也可以在模块和应用程序之间进行切换，"菜单"界面如图1-1-17所示。

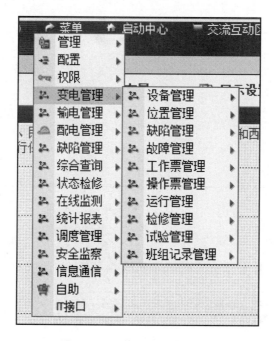

图1-1-17 "菜单"界面

（3）启动中心。单击它进入"生产 MIS"的首页面按钮，"生产管理系统"界面如图 1-1-18 所示。

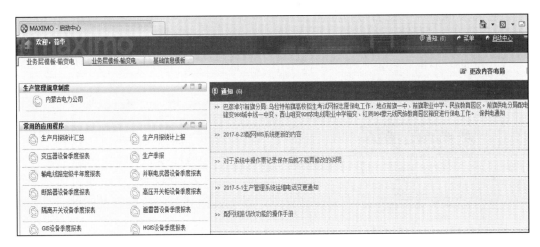

图 1-1-18　"生产管理系统"界面

（4）交流互动区。交流互动区是关于生产管理信息系统的业务问题和系统问题的交流平台，生产管理系统"交流互动区"界面如图 1-1-19 所示。

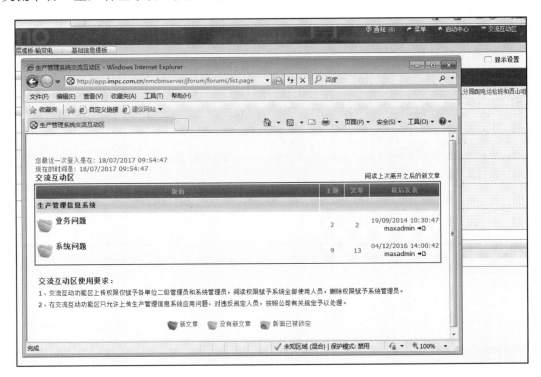

图 1-1-19　生产管理系统"交流互动区"界面

（5）个人设置。单击它可进行个人信息的设置、修改，"个人设置"界面如图

1-1-20所示。

（6）退出。单击它可退出系统。请不要用关闭浏览器的方式来退出生产管理信息系统。想要确保使用人员名可以正常连接到系统，应该始终使用导航栏中的"退出"按钮退出系统，然后再关闭浏览器。

（7）帮助。单击它可进入帮助系统菜单，"帮助"界面如图1-1-21所示。

图1-1-20　"个人设置"界面　　　　图1-1-21　"帮助"界面

三、应用程序的基本操作

1. 打开应用程序的方式

（1）点击导航栏中的"菜单"按钮。

（2）点击启动中心的收件箱/任务分配。

（3）点击启动中心的常用的应用程序。

2. 应用的具体操作图标说明

"应用图标"界面如图1-1-22所示。

图1-1-22　"应用图标"界面

📄——"新建"按钮。

💾——"保存"按钮。

◀——"上一条记录"按钮。

▶——"下一条记录"按钮。

📋——"报表"按钮。

Ψ——"发送工作流"按钮。

过滤器——"过滤器"按钮，点击后可以打开输入条件框，按照条件进行过滤筛选。

3. 记录的"删除"方式

记录的"删除"有两种方式：

（1）"删除"按钮在选择操作中，如资产的"删除"按钮，点击选择操作中的"删除资产"。

（2）点击数据后面的垃圾桶按钮 📑 进行删除。

4. 数据的查询

（1）关键字查询。在一次设备台账列表的过滤框中输入关键字后，再点击"回车"按钮，就可以查到需要的数据，也可以根据多个字段进行关联查询。一次设备台账界面如图 1-1-23 所示。

图 1-1-23 一次设备台账界面

（2）高级搜索。点击"高级搜索"按钮右边下三角按钮中的"更多搜索字段"，在弹出的窗口中输入过滤条件后，点击查找按钮。"高级查询"界面如图 1-1-24 所示。

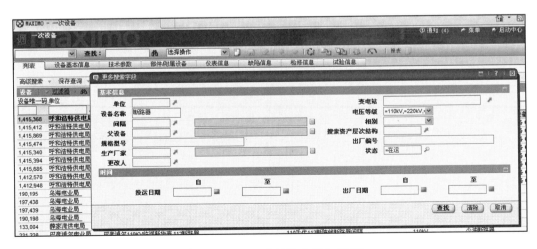

图 1-1-24 "高级查询"界面

（3）保存查询。对查询条件进行保存，使用人员再次登录后，就可以在查找前面

的下拉框中 ![下拉框] **查找：**，点击上次保存的查询条件，这样就可以快速找到所需记录。

四、系统的流程操作

在涉及流程的有关模块中，每次发送工作流都是可以回退的。

以变电缺陷为例，如发送到变电运行管理人员，管理人员受理后，点击发送工作流按钮后，有"转发处理"和"回退缺陷，重新汇报"选项，当选中"回退缺陷，重新汇报"选项后，点击确定按钮就可以回退。"变电缺陷管理"界面如图1-1-25所示。

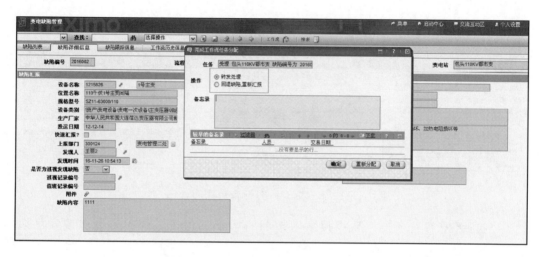

图1-1-25　"变电缺陷管理"界面

系统的操作注意事项如下：

（1）系统不支持浏览器的"前进"和"后退"按钮，建议使用"启动中心"菜单项返回。"启动中心"界面如图1-1-26所示。

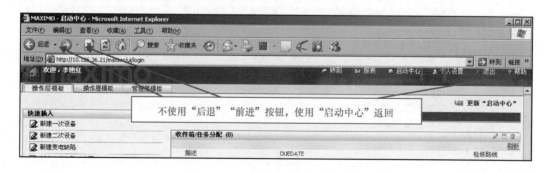

图1-1-26　"启动中心"界面

（2）不要在同一操作中连续点击和连续"回车"确认。

（3）页面无响应后应该使用浏览器"刷新"进行恢复。

（4）退出系统不要直接关闭浏览器，应使用系统菜单中的"退出"按钮，这样才能保证正常退出。系统菜单界面如图 1-1-27 所示。

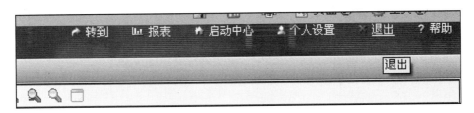

图 1-1-27　系统菜单界面

第三节　权　限　配　置

一、权限定义

系统中的权限是由供电单位的系统管理员来操作的，包括两部分：操作权限和流程权限。

1. 操作权限

操作权限包括三部分：应用权限（权限组名称以"APP一"开头）、地点权限（权限组名称以"SITE一"开头）、默认权限组（DEFLTREG）。

应用权限是根据使用人员的职责权限来划分的。

地点权限又分变电地点权限和输电地点权限。

（1）变电地点权限是根据变电站来划分的，如果是有人值班站地点权限，那么地点权限中就是一个值班变电站；如果是集控站地点权限，那么地点权限就是集控站管辖的所有变电站；如果是变电工区地点权限，那么地点权限中就是工区所管辖的所有变电站；如果是供电单位地点权限，那么地点权限中就是供电单位管辖的所有变电站。

（2）输电地点权限是根据输电工区来划分，一般一个供电单位有几个输电工区，就会划分几点输电地点权限，每个输电工区管辖该工区的所有线路。

2. 流程权限

流程权限是在发送工作流的时候需要配置的人员，即只有在流程权限中配置了相关的人员，工作流才可以正常发送。生产 MIS 系统中的公司及供电单位使用人员的常见权限见表 1-1-1。

表 1-1-1　　生产 MIS 系统中的公司及供电单位使用人员的常见权限

序号	单位名称	常见权限
1	公司	公司领导 ADMIN-GJLD
		生技部领导 ADMIN-GJLD
		生技部专工 APP-GJZZ
		安监部 ADMIN-GJLD
2	电科院	电科院领导 APP-DKYGYS
		电科院生技部 APP-DKYGYS
		评价中心领导 APP-DKYGYS
		评价中心专工 APP-DKYGYS
		高压所 APP-DKYGYS
3	供电单位—局机关	供电单位领导 APP-SJBLD
		生技处领导 APP-SJBLD
		生技处专工 APP-SCBYXZZ
		安监处领导 APP-AJBLD
		安监处专工 APP-AJBZZ
4	供电单位—变电检修处	修试处领导 APP-XSSLD
		修试处专工 APP-XSSZZ
		修试处安全员 APP-XSSZZ
		修试处一次班组人员 APP-XSSBZRY
5	供电单位—变电运行处	运行处领导 APP-BGSLD
		运行处专工 APP-BGSZZ
		运行处安全员 APP-EJDWAQY
		变电站站长 APP-BDZZZ
		变电站值班人员 APP-BDZYXG
		变电站安全员 APP-EJDWAQY
6	供电单位—调度处	调度处领导 APP-DDSLD
		调度处专工 APP-DDSZZ
		调度运行班 APP-DDSYXBZZ，APP-DDSYXBBZ
		调度方式班 APP-DDSFSBZZ，APP-DDFSB，APP-DDSFSBBZ
		调度保护班 APP-DDSBHBZZ，APP-DDYDZDH
		调度自动化班 APP-DDZDH，APP-DDSZDHBZZ，APP-DDSZDHBBZ
		通信班 APP-DDTXB
7	供电单位—输电处	输电处领导 APP-SDSLD
		输电处专工 APP-SDSXLZG
		输电处安全员 APP-SDAQY
		输电处班组人员 APP-SDSBZRY
8	供电单位—信通中心	信通中心领导 IT-APPROVER
		信通中心专工 IT-SUPPORT

二、权限配置

1. 操作权限配置

操作权限的配置，流程如下：

（1）首先转到"菜单→权限→使用人员"，进入"用户"列表界面，在姓名或者使用人员名中输入使用人员的信息，按回车键确认。"用户"列表界面如图1-1-28所示。

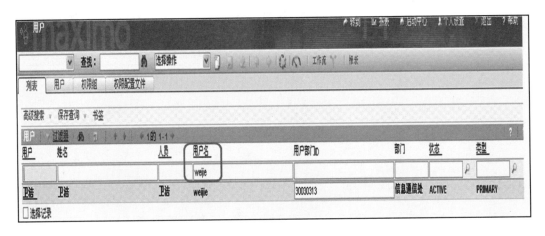

图1-1-28 "用户"列表界面

点击"用户"页签，显示该使用人员名进入使用人员详细信息界面，如图1-1-29所示。

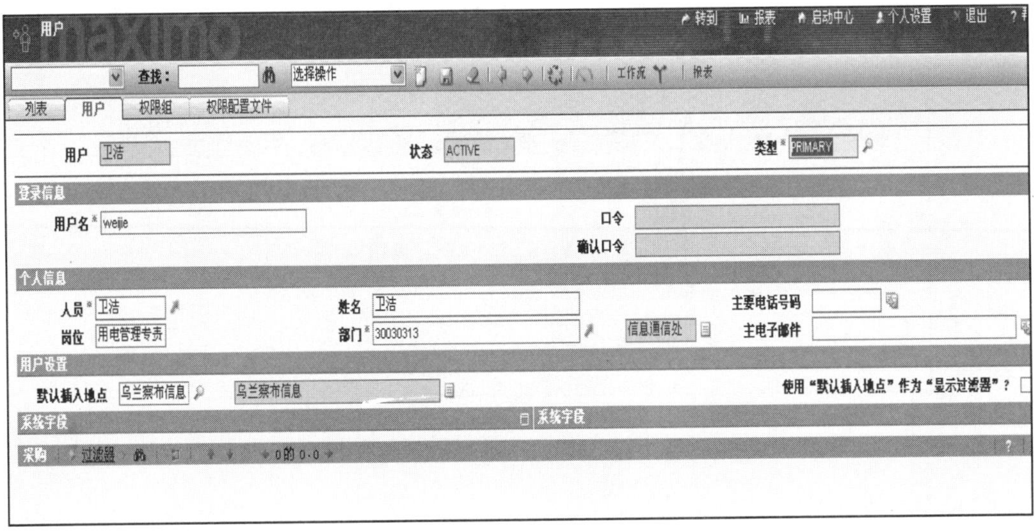

图1-1-29 "用户"详细信息界面

变更使用人员岗位，只需在岗位的输入框中输入信息就可以。

变更部门需点击箭头，在弹出的窗口中，选中信息后进行变更。一般使用人员必须有一个默认插入地点，变更默认插入地点，点击默认插入地点后面的"放大镜"图标，在弹出的窗口中选择地点即可。

（2）然后选择上方的"权限组"，进入图 1-1-30 所示"权限组"界面，对人员的权限组进行配置。

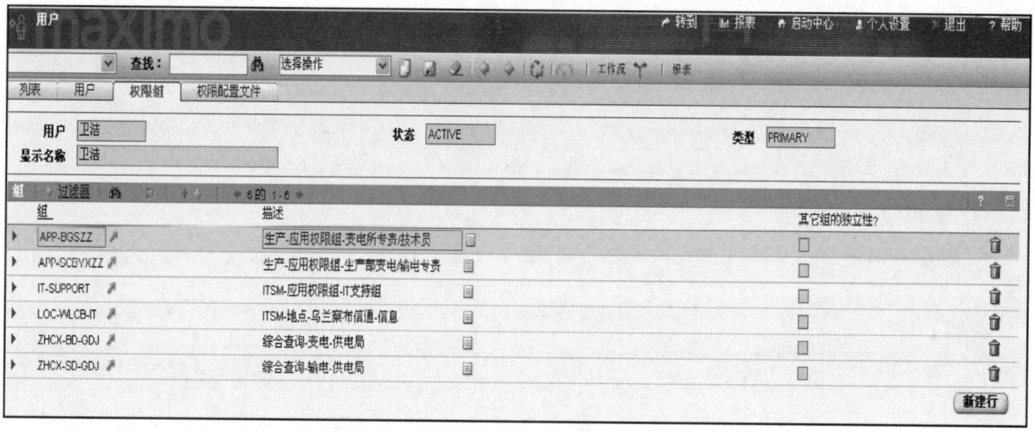

图 1-1-30 "权限组"界面

例如，若使用人员是一名变电站值班人员，需要为其配置一个"变电站值班人员"的权限组。人员权限"选择值"界面如图 1-1-31 所示。

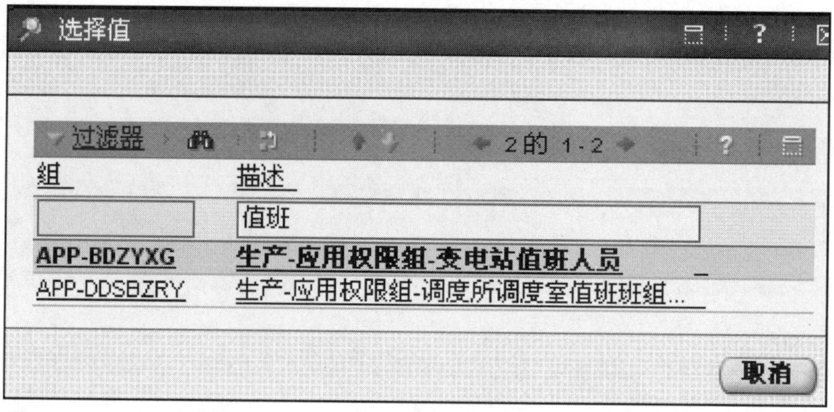

图 1-1-31 人员权限"选择值"界面

同时为使用人员分配一个默认权限组，之后分配给该使用人员所在变电站的地点权限，人员权限配置效果如图 1-1-32 所示。

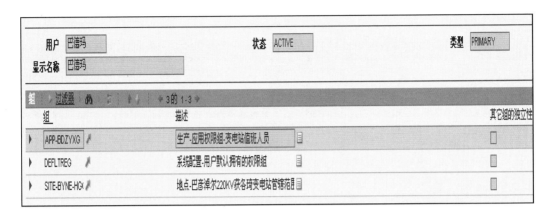

图 1-1-32 人员权限配置效果

2. 流程权限配置

（1）变电缺陷人员组配置。变电缺陷人员组需要从部门和人员组两方面进行配置。

1）部门的配置。缺陷流程中的运行管理部门、生技处、修试处、消缺班组这四个部门的"缺陷处理类别"需要在部门中进行配置。其中运行管理部门和生技处的"缺陷处理类别"需选择为"缺陷受理部门"，修试处的"缺陷处理类别"需选择为"缺陷处理部门"，消缺班组的"缺陷处理类别"需选择为"缺陷处理班组"。

以运行管理处为例，点击"菜单→资源→部门"，进入"部门"界面，如图 1-1-33 所示。

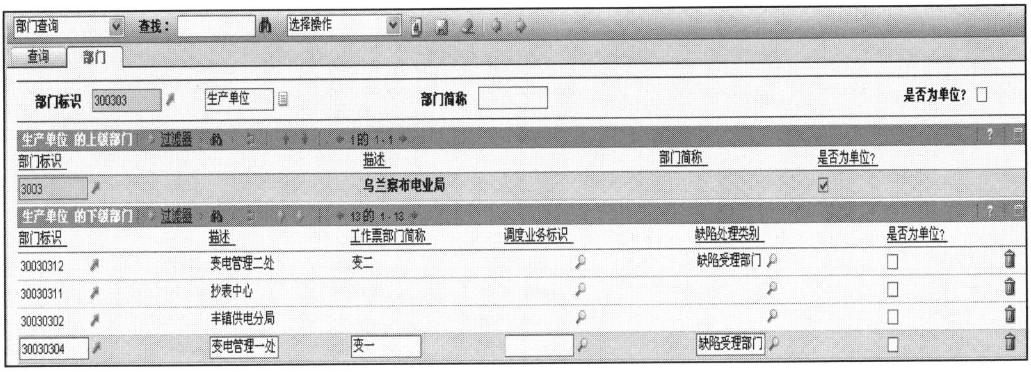

图 1-1-33 "部门"界面

将部门的缺陷处理类别需要选择"缺陷受理部门"。

2）人员组配置。缺陷流程中的运行管理部门人员、生技处人员、修试处人员，这三种人需要在变电缺陷人员组中进行配置。

点击"菜单→权限→人员组维护→变电缺陷人员组维护"，进入"变电缺陷人员组维护"列表界面，如图 1-1-34 所示。

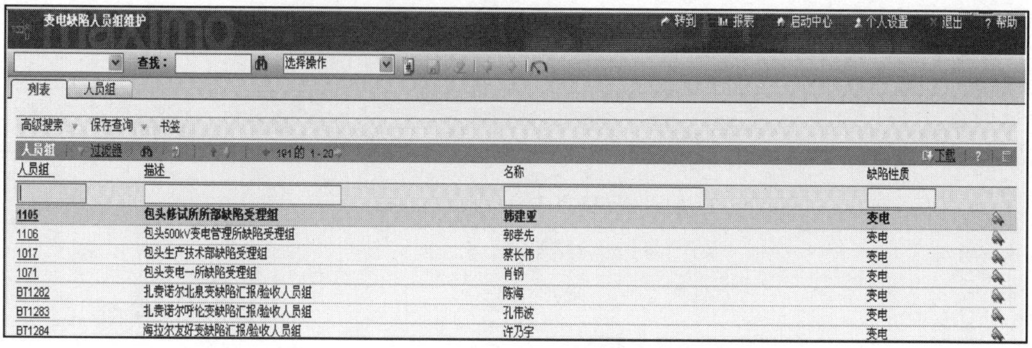

图 1-1-34 "变电缺陷人员组维护"列表界面

在列表中查找所属局的缺陷安排组，单击该组可以进入该组的人员配置，进入"变电缺陷人员组维护"人员组界面，如图 1-1-35 所示。

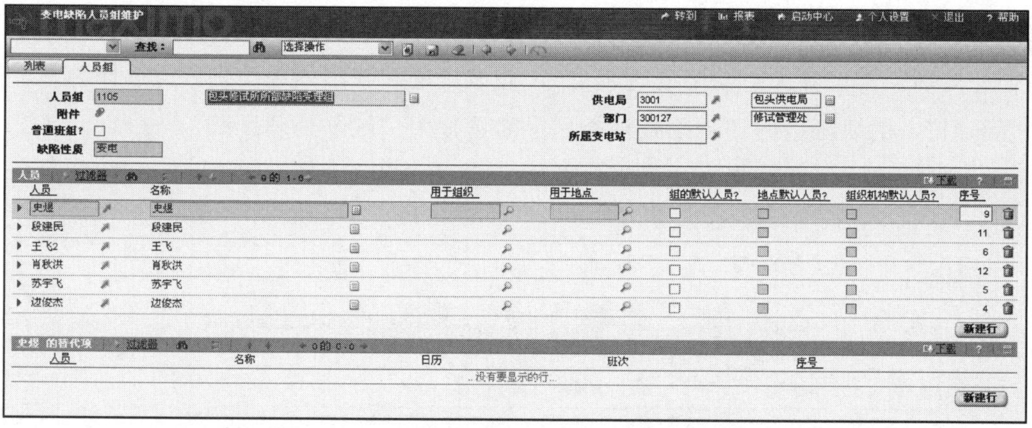

图 1-1-35 "变电缺陷人员组维护"人员组界面

利用图标，我们可以为该组添加人员和删除人员。

如果不存在我们需要的人员组，点击"新增行"按钮来新增缺陷安排组，其中部门一定要选择和人员组对应的部门。例如，新建的是修试人员组的配置，部门就要选择修试管理处。

（2）输电缺陷人员组配置。输电缺陷人员组需要从部门和人员组两方面进行配置。

1）部门的配置。缺陷流程中的运行管理部门、生技处、消缺班组这三个部门的"缺陷处理类别"需要在部门中进行配置。其中运行管理部门和生技处的"缺陷处理类别"需选择为"缺陷受理部门"，消缺班组的"缺陷处理类别"需选择为"缺陷处理班组"。

以运行管理处为例，进入"菜单"界面，点击"菜单→资源→部门"，找到该部门，"菜单"界面如图 1-1-36 所示，"部门"界面如图 1-1-37 所示。

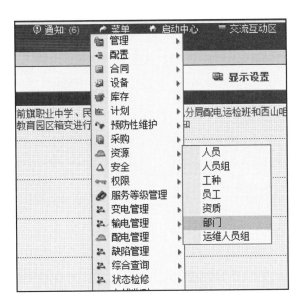

图 1-1-36 "菜单"界面

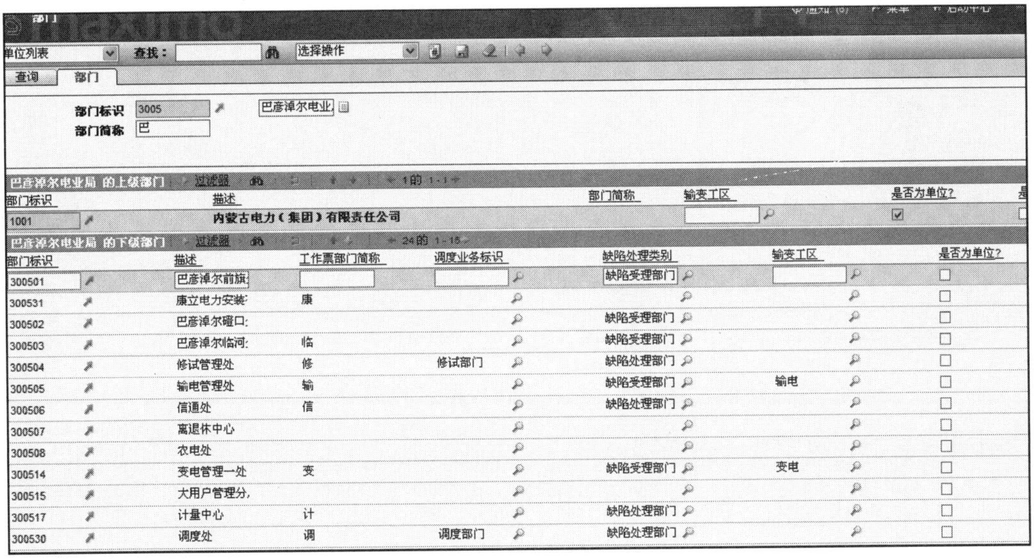

图 1-1-37 "部门"界面

将部门的缺陷处理类别根据需要选择"缺陷受理部门"。

2）人员组配置。缺陷流程中的运行管理部门人员、生技处人员，这两种人需要在输电缺陷人员组中进行配置。

点击"菜单→权限→人员组维护→输电缺陷人员组维护",进入"输电缺陷组维护"缺陷受理人员组界面,如图 1-1-38 所示。

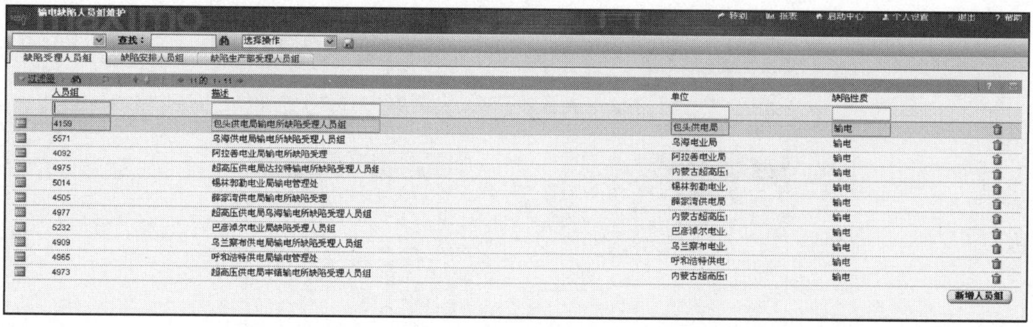

图 1-1-38 "输电缺陷组维护"缺陷受理人员组界面

点击记录前的" "图标,进入人员信息界面,如图 1-1-39 所示。

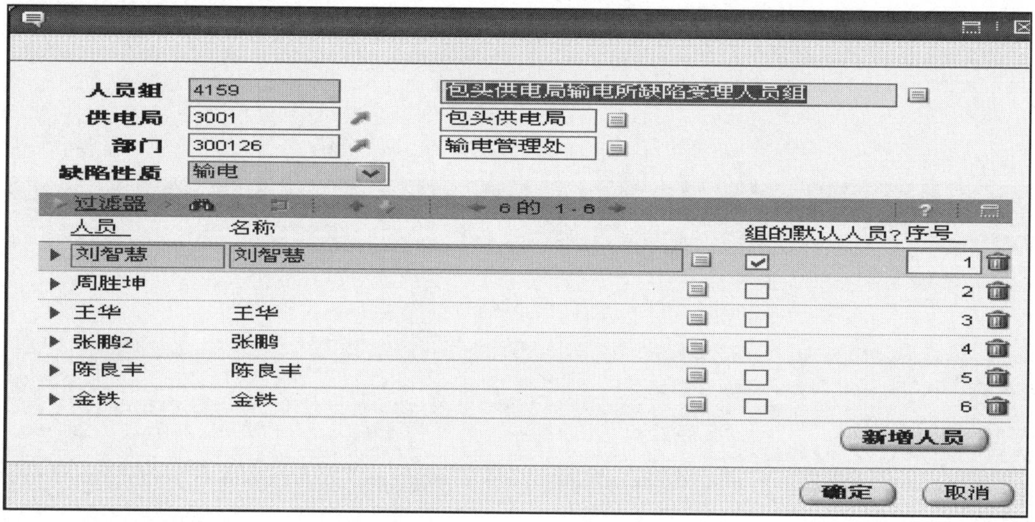

图 1-1-39 人员信息界面

在这里我们可以配置人员组中的人员。

在人员组中有三个页面,人员组页签如图 1-1-40 所示。

图 1-1-40 人员组页签

第一个标签是"缺陷受理人员组",在这里需要配置的是缺陷受理人员,即运行管理处的人员。

第二个标签是"缺陷安排人员组",这个基本不用,因为系统中的缺陷安排人员与选择的处理班组下的人员有关,和这里配置没有关系。

第三个标签是"缺陷生产部受理人员组",这里主要是指该缺陷单如果需要生产处来处理(一般情况为危机的缺陷),配置生产处的处理人员。

(3)试验管理人员组配置。试验流程中的班组长、工区人员、生技处人员,这三种人需要在试验管理人员组中进行配置。

点击"菜单→变电管理→试验管理→试验人员资质",进入"试验人员资质"界面,如图1-1-41所示。

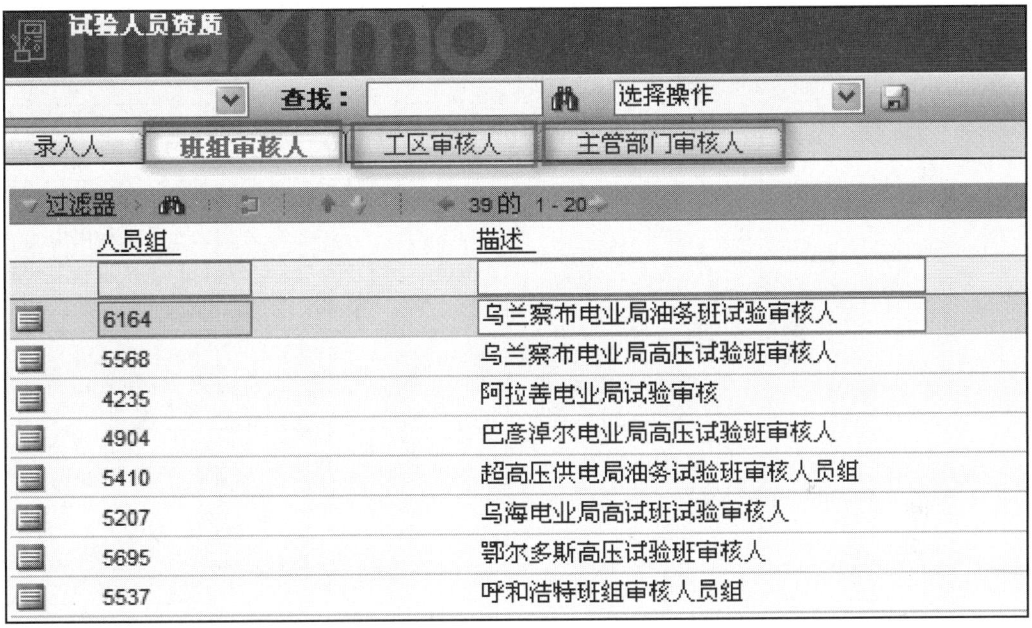

图1-1-41 "试验人员资质"界面

点击" 班组审核人 ",可在班组审核人中配置班组长审核的人员。

点击" 工区审核人 ",可在工区审核人中配置工区审核的人员。

点击" 主管部门审核人 ",可在主管部门审核人中配置生技处审核人员。

3.三级评价权限配置

(1)人员权限配置。指给具体人员增加处理班组、工区、供电单位三级评价任务的权限,包括操作权限的配置和流程权限的配置。

只有变电班组人员、输电班组人员、输电工区人员需要在状态检修的"三级评价人员进行配置"中进行配置。

定期评价后的公司复核人员需要在"根据公司复核意见修改人员权限配置"中进行配置。

三级评价操作权限的配置见表 1 - 1 - 2。

表 1 - 1 - 2　　　　　　　　三级评价操作权限的配置表

流程环节	专业	人员角色	权限组类型	权 限 组 示 例	
班组环节	变电专业	检修班组	应用权限	APP - SBZTPG - BZSHR	变电班组审核人
			默认权限	DEFLTREG	使用人员默认权限组
			个人办公权限	LOC - BT - PC	ITSM 个人办公
			地点权限	SITE - BT - BT	供电单位管辖范围或供电分局管辖范围
		运行班组（变电站）	应用权限	APP - SBZTPG - BZSHR	变电班组审核人
			默认权限	DEFLTREG	使用人员默认权限组
			个人办公权限	LOC - BT - PC	ITSM 个人办公
			地点权限	SITE - BT - SHJK	变电站或集控站管辖范围
	输电专业	输电运检班	应用权限	APP - SBZTPG - SDBZSHR	输电班组审核人
			地点权限	SITE - BT - SD	输电管辖范围
			默认权限	DEFLTREG	使用人员默认权限组
工区环节	变电专业	变电检修工区	应用权限	APP - SBZTPG - GQSHR	变电检修工区审核人
			默认权限	DEFLTREG	使用人员默认权限组
			个人办公权限	LOC - BT - PC	ITSM 个人办公
			地点权限	SITE - BT - BT	供电单位管辖范围
		变电运行工区	应用权限	APP - SBZTPG - GQSHR	变电检修工区审核人
			默认权限	DEFLTREG	使用人员默认权限组
			个人办公权限	LOC - BT - PC	ITSM 个人办公
			地点权限	SITE - BT - BDYS	运行处管辖范围
	输电专业	输电工区	应用权限	APP - SBZTPG - SDGQSHR	输电工区审核人
			地点权限	SITE - BT - SD	输电管辖范围
			默认权限	DEFLTREG	使用人员默认权限组
	输变电专业	供电分局	应用权限	APP - SBZTPG - GQSHR	变电检修工区审核人
				APP - SBZTPG - SDGQSHR	输电工区审核人
			地点权限	SITE - ERDOS - DS	供电分局管辖范围
			个人办公权限	LOC - BT - PC	ITSM 个人办公
			默认权限	DEFLTREG	使用人员默认权限组
生技部环节	输变电专业	生技部	应用权限	APP - SBZTPG - JSHR	供电单位审核人
			地点权限	SITE - BT - BT	供电单位管辖范围\供电分局管辖范围
			默认权限	DEFLTREG	使用人员默认权限组
			个人办公权限	LOC - BT - PC	ITSM 个人办公

（2）人员权限配置流程。

1）配置好设备的具体管理人员后，需要给具体人员增加具体的权限，才能访问系统生成的任务。配置流程：点击"菜单→权限→用户"，进入三级评价"用户"权限组界面，如图1-1-42所示。用户需要配置好职务、部门、默认插入地点。

2）给具体用户增加具体权限。以班组人员为例，如图1-1-42所示。具体的权限以正式平台上的权限为准。

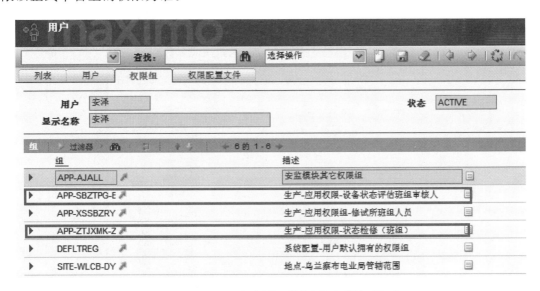

图1-1-42　三级评价"用户"权限组界面

（3）分类权限人员。指不同的人分管不同的设备，如huangzhi1分管变压器，liuhaoting分管断路器。需要通过变电设备配置方法给各类设备管理人员配备权限。

（4）变电设备的配置方法。配置三级评价流程中的变电班组人员。操作流程如下：

1）进入生产MIS界面，点击"菜单→状态检修→三级评价权限配置"，进入"三级评价权限配置"列表界面，如图1-1-43所示。

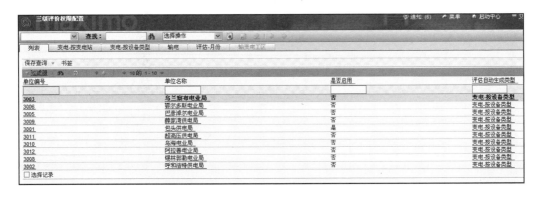

图1-1-43　"三级评价权限配置"列表界面

一般系统中已经存在供电局的设置，配置权限时，直接点击相应的供电单位进入就可以。

2）点击"变电—按变电站"选项卡，可以按照变电站来配置变电设备的人员权限，"三级评价权限配置"变电—按变电站界面如图1-1-44所示。

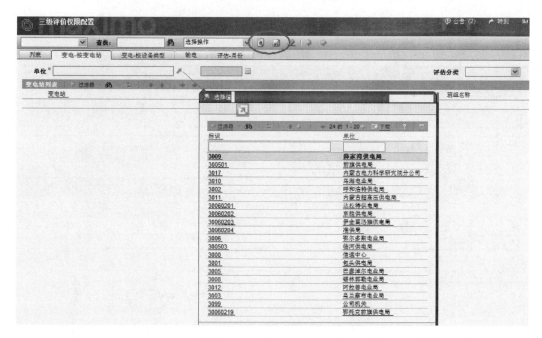

图1-1-44 "三级评价权限配置"变电—按变电站界面

点击新建，出现图1-1-44所示的页面，点击箭头，弹出下面的选择框，选择一个供电局。评估分类选"变电—按设备类型"，点击"保存"。

3）点击"变电—按设备类型"选项卡，可以按照设备类型来配置变电设备的人员权限，"三级评价权限配置"变电—按设备类型界面如图1-1-45所示。

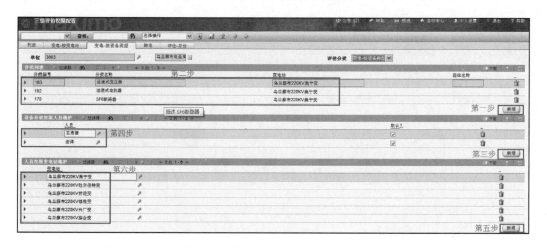

图1-1-45 "三级评价权限配置"变电—按设备类型界面

第一步：新增设备类型，如油浸式变压器、油浸式电抗器、SF_6断路器等（一般设备类型已经配置好，如有多余的设备类型直接删除就可以）。

第二步：选择相关的设备类型、变电站、班组。

第三步：新增每个设备类型对应管理设备的人。

第四步：选择人员，新增每个设备类型对应的设备管理人员，如变压器由 *** 、*** 管理。

第五步：新增变电站，选择管理人员管理的具体变电站。

（5）输电线路的配置方法。配置三级评价流程中的输电班组人员和输电工区人员，操作流程与变电设备的配置方法相似。具体步骤如下：

1）进入生产 MIS 界面，点击"菜单→状态检修→三级评价权限配置"，进入"三级评价权限配置"列表界面，如图 1-1-43 所示。

一般系统中已经存在供电局的设置，配置权限时，直接点击相应的供电单位进入就可以。

2）点击"输电"选项卡，进行输电线路人员权限的配置，"输电"三级评价人员权限配置界面如图 1-1-46 所示。

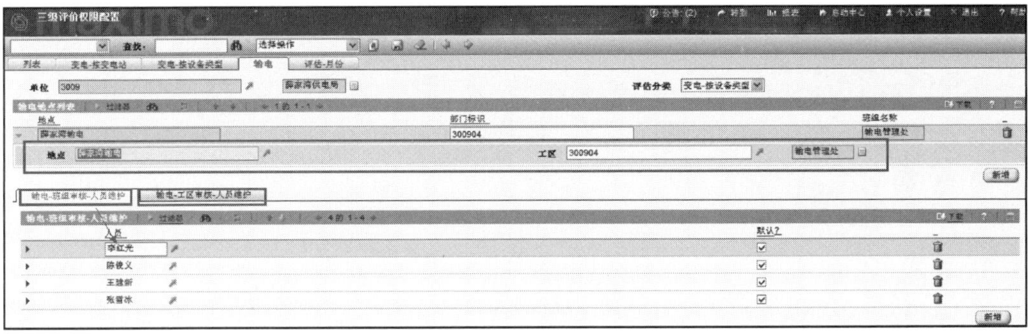

图 1-1-46　"输电"三级评价人员权限配置界面

第一步：新增输电线路的类型，选择输电工区或分局。

第二步：新增管理输电线路的班组人员信息，在 输电-班组审核-人员维护 中，填写某工区某种线路类型下的班组人员信息。

第三步：新增管理输电线路的工区人员信息，在 输电-工区审核-人员维护 中，填写某工区某种线路类型下的工区人员信息。

（6）根据公司复核意见修改人员权限配置。配置"根据公司复核意见修改人员权限配置"流程中的人员，具体操作如下：点击"菜单→状态检修→设备检修计划→公司复核权限配置"，开始进行"公司复核权限配置"界面，如图 1-1-47 所示。

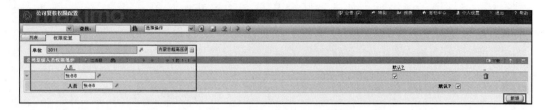

图 1 - 1 - 47 "公司复核权限配置"界面

如图 1 - 1 - 47 所示，以超高压为例，点击新建按钮，选择好单位（超高压），再点新增按钮，新增任务管理人员，即可以处理流转过来的公司复核的任务。

一般供电单位已经存在，直接点击具体的供电单位进入修改人员就可以。

第二章

设备基础信息录入

第一节 一次设备台账录入

在生产 MIS 中录入设备的时候，输变电设备位置管理流程如下：首先建立变电站，在该站下建立一次系统、二次系统；其次建立该变电站的一次间隔、二次间隔，并且每个间隔都要操作"将系统与位置相关联"，其中一次间隔与一次系统相关联，二次间隔与二次系统相关联；最后建立变电站的设备。

一、变电设备台账录入

（一）变电站

在新建变电站或集控站前，需公司管理员在系统中建立新变电站或集控站的地点和部门。

1. 新增变电站

（1）点击"菜单→变电管理→位置管理→变电站"，进入变电站的列表界面，如图 1-2-1 所示。

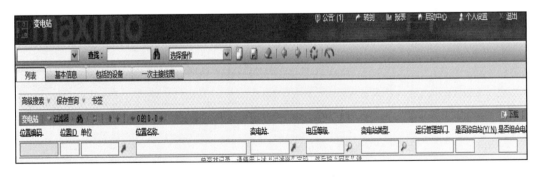

图 1-2-1 "变电站"列表界面

（2）点击"⬚新建"图标，在"变电站"基本信息界面新建变电站，"变电站"基本信息界面如图 1-2-2 所示。

1）前提。创建该变电站的地点已经存在，同时保证当前使用人员的默认插入地点

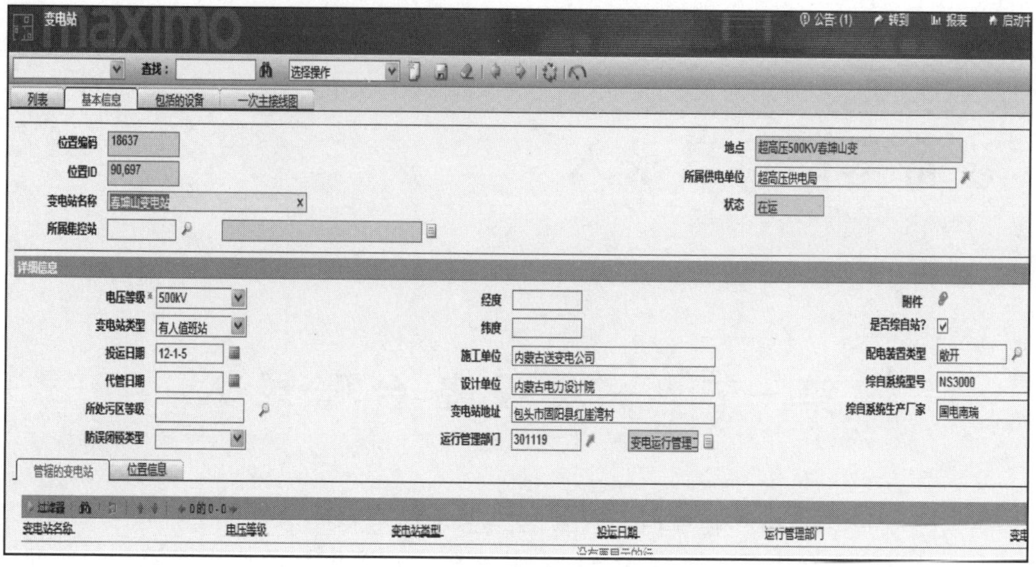

图 1 - 2 - 2　"变电站"基本信息界面

是需要创建该变电站的地点。

2）地点。地点是默认的，由系统自动生成，所以进入系统之前，需要在"个人设置"处设置自己的默认插入地点。个人默认信息设置界面如图 1 - 2 - 3 所示。

图 1 - 2 - 3　个人默认信息设置界面

3）变电站名称。输入变电站的名称。

4）所属集控站。所属集控站就是选择该变电站是属于哪个集控站管辖。如果该变电站是受控站，就要选择所属集控站；如果是有人的常规变电站，则无需填写。

5）变电站类型。根据变电站的实际情况进行选择。

6）所处污区等级。如果选择了值并保存后，那么该变电站中设备的"所处污区等级"也同时关联了该值。

填写完相关信息后，点击工具栏中的"保存"按钮。

如果是集控站，可以通过点击按钮" 管辖的变电站 "，进入集控中心所管辖的

变电站基本信息界面，如图1-2-4所示。

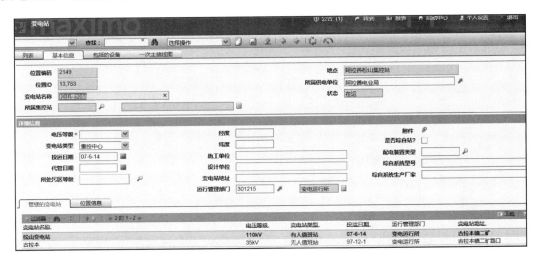

图1-2-4 集控中心所管辖的变电站基本信息界面

（3）在变电站工具栏中，点击"选择操作→将系统与位置相关联"，进入"选择操作"页签界面，如图1-2-5所示。

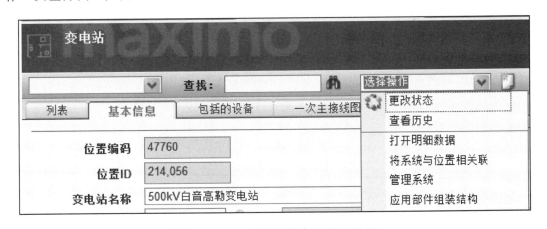

图1-2-5 "选择操作"页签界面

在弹出页面中，点击"新建行"，新建两条记录，分别选择系统为"**变一次系统"和"**变二次系统"，父级为空，然后点击"确定"按钮，进入"将系统与位置相关联"界面，建立变电站与系统位置关系，"将系统与位置相关联"界面如图1-2-6所示。

（4）更改变电站的状态。点击工具栏中的"更改状态 "按钮，可以更改变电

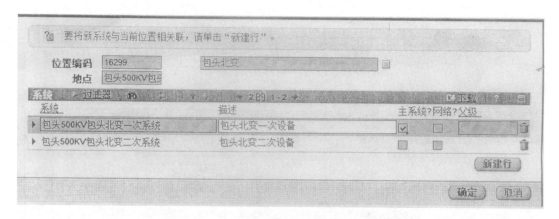

图1-2-6 "将系统与位置相关联"界面

站的状态（如：在运、未就绪等）。

1）包括的设备。系统会把该变电站配置的设备自动关联过来，"变电站"包括的设备界面如图1-2-7所示。

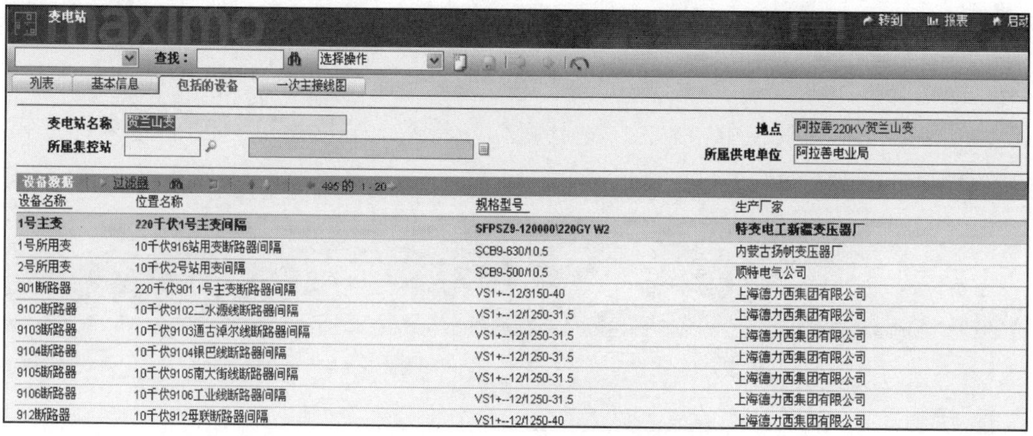

图1-2-7 "变电站"包括的设备界面

2）一次主接线图。显示该变电站的主接线图，"变电站"一次设备接线图界面如图1-2-8所示。

3）位置信息。系统会把该变电站配置的间隔信息自动关联过来，间隔信息在"变电站"位置信息界面，"变电站"位置信息界面如图1-2-9所示。

注意：在变电站模块中，建立的"***集控站"，是虚拟的变电站，是为了区分子站跟集控中心的关系，它只包含子站的信息。例如，包头张家营集控站，它包含有张家营变、哈业变等。

2.修改变电站

如果要修改某个变电站的信息，点击"菜单→变电管理→位置管理→变电站"，在

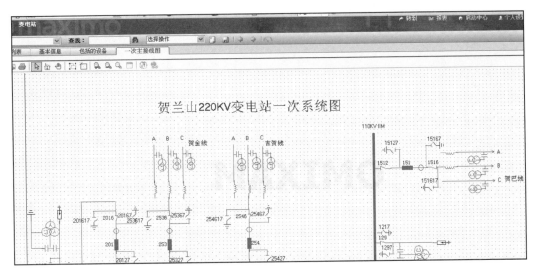

图 1-2-8 "变电站"一次设备接线图界面

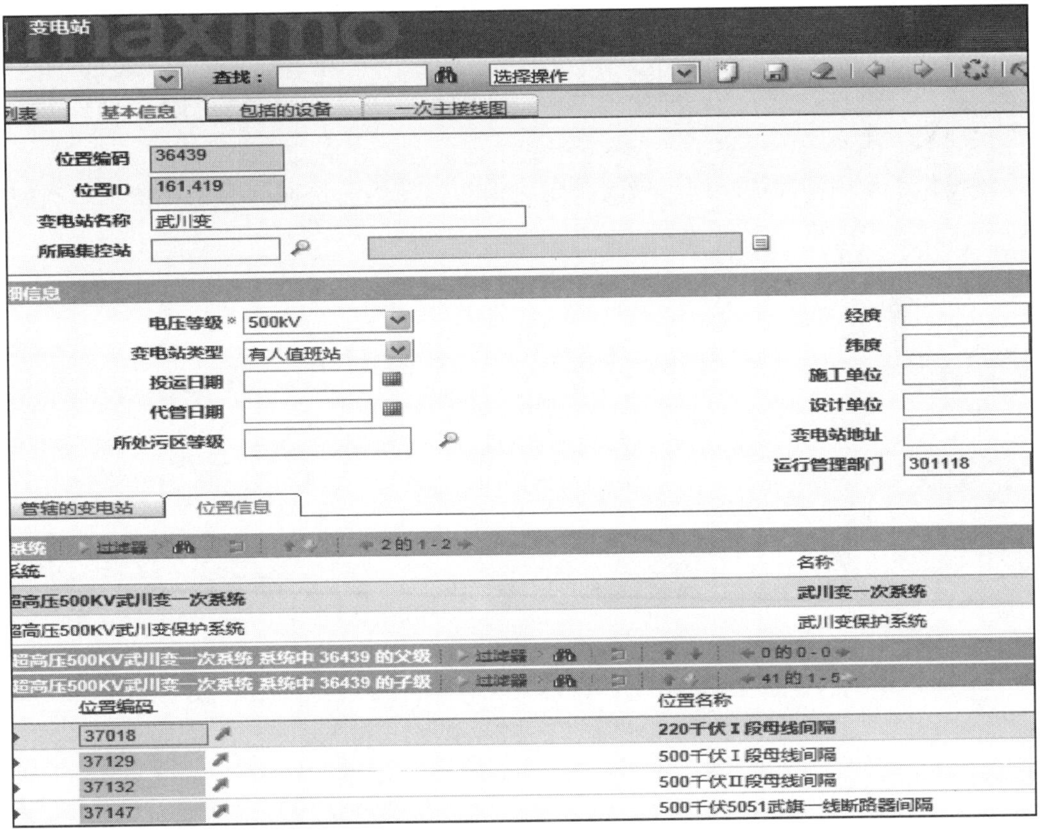

图 1-2-9 "变电站"位置信息界面

变电站页面的" 列表 列表"中找到该变电站后，进入该变电站"基本信息"页面，修改相关的信息后，点击工具栏中的"⊟ 保存"按钮就可以。

3. 删除变电站

如果要删除某个变电站，点击"菜单→变电管理→位置管理→变电站"，在变电站页面的"⎡ 列表 ⎤ 列表"中找到该变电站后，进入变电站"基本信息"页面，再点击"⎡ 选择操作 ▼ ⎤"中的"删除变电站"，就可以删除该变电站。

注意：如果要删除变电站，首先得保证该变电站下面没有间隔和设备，否则不能删除。

（二）间隔

设备间隔是设备安装的位置或地点，如1号变压器在某变电站1号主变间隔内的1号变压器安装地点安装。这样根据设备与间隔的所属关系能够很快地找到这个设备或者这个变压器的安装位置，便于管理和组织设备的配置、变更和报废业务。

对变电站里的间隔，根据间隔标准管理规范进行划分和管理。由各供电公司的变电站提供间隔数据信息，并填写到系统间隔。

设备间隔包括变电一次间隔和变电二次间隔，变电一次间隔下录入一次设备，变电二次间隔下录入二次设备。

该操作手册中间隔的新增、修改、删除操作以变电一次间隔为例，变电二次间隔的操作可以参考变电一次间隔。

各供电单位变电站站长和运行人员对审核后的间隔信息进行配置（包括增加、删除、修改等）。

1. 新建变电一次间隔

（1）点击"菜单→变电管理→位置管理→变电一次间隔"，进入"变电一次间隔"界面，如图1-2-10所示。

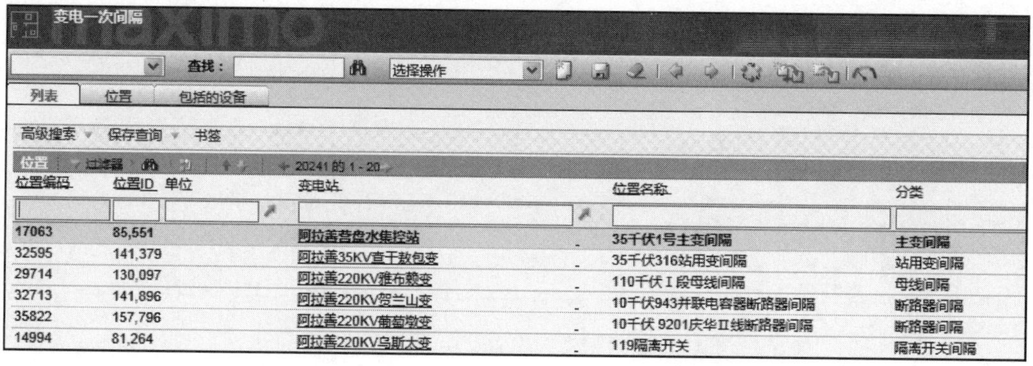

图1-2-10 "变电一次间隔"列表界面

（2）单击如图所示"新建"按钮，弹出"变电一次间隔"位置界面，如图1-2-11所示。

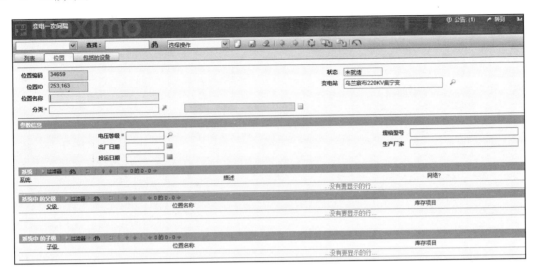

图1-2-11　"变电一次间隔"位置界面

注意事项如下：

1）位置名称。一定要按本书第二篇《输变电一次设备信息台账录入规范》的命名规则进行填写。

2）分类。必须要选择间隔的分类。

3）电压等级。必须要进行选择。

填写完相关信息后，点击工具栏中的"保存"按钮，对信息进行保存。

（3）将系统与间隔相关联。点击选择操作中的"将系统与间隔相关联"，"变电一次间隔"的"选择操作"页签如图1-2-12所示。

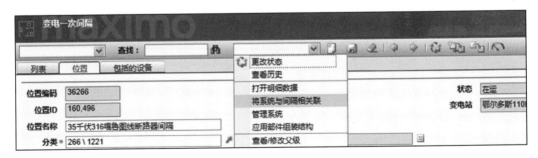

图1-2-12　"变电一次间隔"的"选择操作"页签

把当前的间隔跟系统相关联，点击"新建行"，进入"将系统与间隔相关联"界面，选择当前的系统和父级，如果是变电一次间隔则选择"＊＊＊一次系统"，如果是变电二次间隔则选择"＊＊＊二次系统";父级选择该间隔所在的变电站,最后点击"确定"。"将系统与间隔相关联"界面如图 1-2-13 所示。

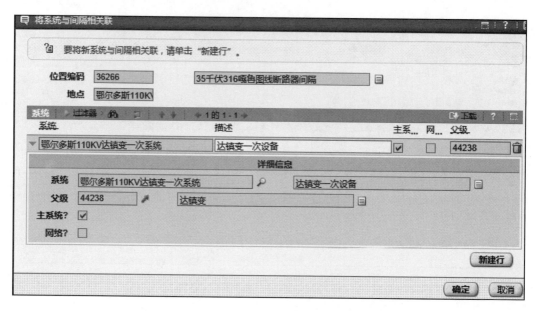

图 1-2-13　"将系统与间隔相关联"界面

注意:变电一次间隔要关联一次系统,变电二次间隔要关联二次系统。

(4) 更改间隔的状态。点击工具栏中的"　更改状态"的按钮,可以更改间隔的状态(如在运、未就绪等)。

系统会把该间隔中配置的设备自动关联过来,"变电一次间隔"包括的设备界面如图 1-2-14 所示。

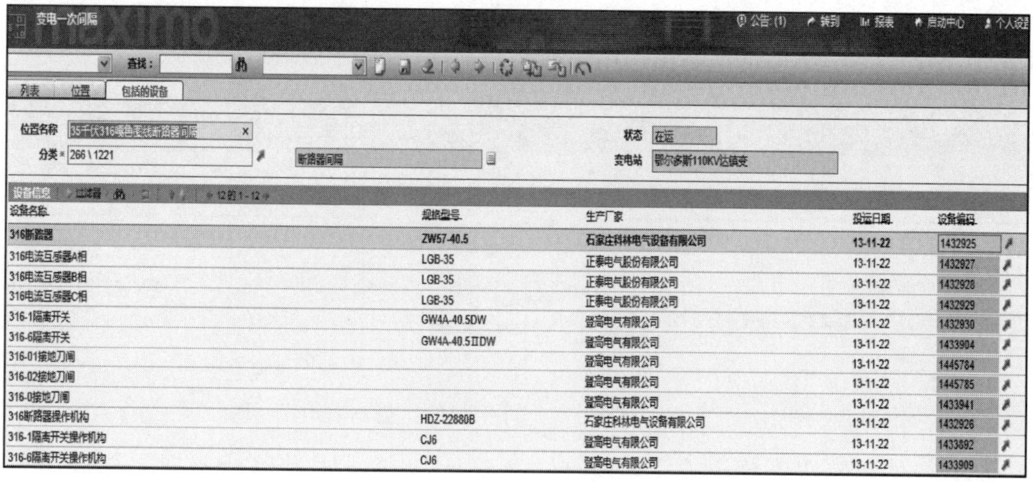

图 1-2-14　"变电一次间隔"包括的设备界面

注意：新建一次间隔时，可以先进入某条间隔的"位置"页面，点击"选择操作"中的"复制位置"，复制当前的间隔信息。

2. 修改变电一次间隔

如果要修改某个间隔的信息，点击"菜单→变电管理→位置管理→变电一次间隔"，在间隔页面的"列表" 列表 中找到该间隔后，进入该间隔的"位置"页面，修改相关的信息后，点击" 保存"按钮就可以。

3. 删除变电一次间隔

如果要删除某个间隔的信息，点击"菜单→变电管理→位置管理→变电一次间隔"，在间隔页面的"列表" 列表 中找到该间隔后，进入该间隔"位置"页面，再点击" 选择操作 "中的"删除位置"，就可以删除该间隔。

注意：如果要删除某个间隔，必须先删除该间隔与系统的关联关系，并保证该间隔下面没有设备，否则不能删除。

变电二次间隔的新增、修改、删除操作和变电一次间隔的操作相同，可以参考变电一次间隔的操作。

（三）一次设备

对变电站一次设备，要从投运开始，由变电站主管设备运行人员根据设备的铭牌参数、设备所属类型、设备所属厂家、设备投运日期建立设备台账，完善设备技术资料等设备信息。同时，对存在的历史设备数据，也可以查询到该设备相关的检修记录、技术资料以及发生的缺陷情况。

本书中设备的新增、修改、删除操作以一次设备为例，二次设备的操作可以参考一次设备。

权限职责如下：

1）运行管理部门：负责设备台账的审核工作。

2）运行设备主管人员：负责建立设备台账基本信息。

3）其他系统使用人员：查询设备台账基本信息。

1. 新建一次设备

（1）点击"菜单→变电管理→设备管理→一次设备"，进入一次设备页面，"变电一次设备"包括的设备界面如图 1－2－15 所示。

（2）点击如图 1－2－15 所示" 新建"按钮，进入新建一次设备界面，如图 1－2－16 所示。

其中"WBS 编码""资产变动方式""资产属性编码"这三项是根据 ERP 资产管

图 1-2-15　"变电一次设备"包括的设备界面

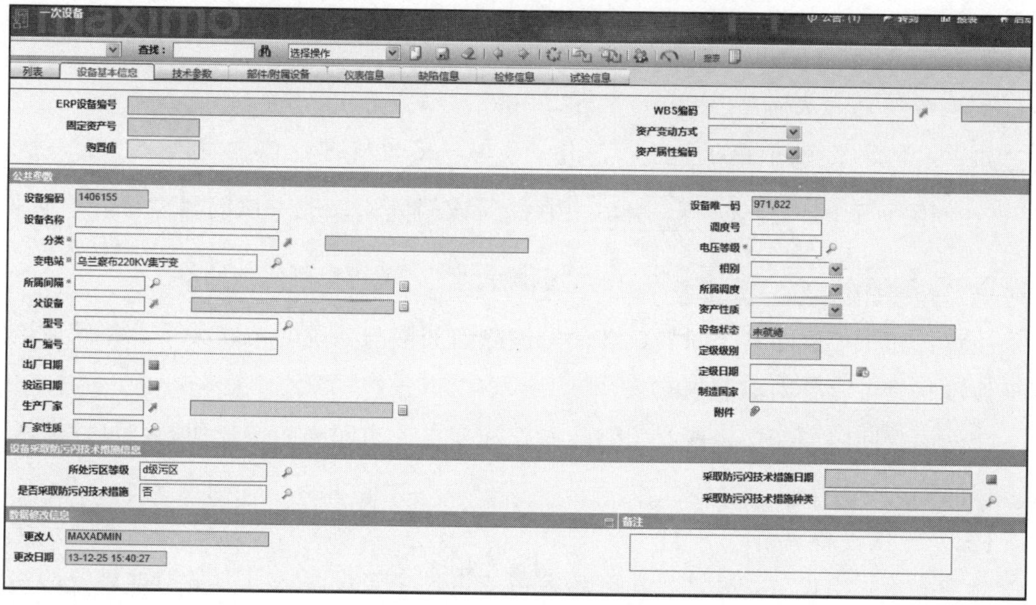

![新建"变电一次设备"界面]

图 1-2-16　新建"变电一次设备"界面

理规定要求录入台账的规范，为必填项。

1）设备名称。按一定命名规则填写。

2）分类。通过类型树选择，一定要选择最底层的分类。

3）变电站。一定是"***变电站"，如果是集控站，首先要修改默认插入地点为"***变电站"。

4）所属间隔。选择该设备所在的间隔。

5）父设备。主要是针对主设备的附属设备，如高压开关柜、组合电器等里面的设备，通过箭头选择该设备的父设备。

6）所处污区等级。如果该变电站"所处污区等级"中输入了值，那么新增设备的时候，设备的"所处污区等级"中会自动把值关联过来，也可以针对个别设备再进行修改。

7）是否采取防污闪技术措施。如果选择了"是"，"采取防污闪技术措施日期"和"采取防污闪技术措施种类"就可以选择值，如果选择了"否"，"采取防污闪技术措施日期"和"采取防污闪技术措施种类"就不需要选择值。

（3）录入完相关信息后，点击工具栏中的"保存"按钮，保存相关信息。

1）更改设备的状态。点击工具栏中的"更改状态 [ ]"按钮，可以更改设备的状态（如在运、未就绪等）。

注意：只有新在运状态的设备才可以新建运行记录。新建一次设备时，可以先进入某个设备的"设备基本信息"页面，点击"选择操作"中的"复制资产"，复制当前的设备信息。

2）一次设备—技术参数。填写该设备的技术参数。有两种类型的参数：字符值和数字值，"变电一次设备"技术参数界面如图1－2－17所示。

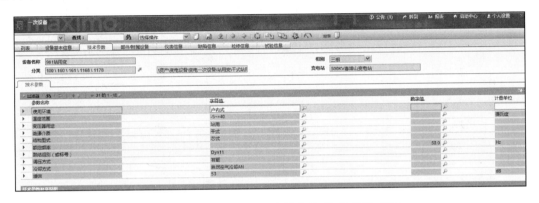

图1－2－17　"变电一次设备"技术参数界面

3）一次设备—仪表信息。显示监测该设备的所有仪表信息，"变电一次设备"仪表信息界面如图1－2－18所示。

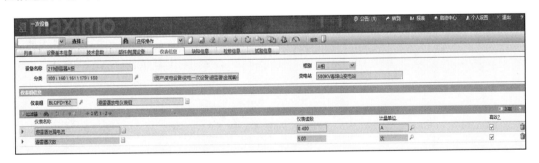

图1－2－18　"变电一次设备"仪表信息界面

如果设备中有仪表（如避雷器和断路器），则可以在此页面中输入仪表的读数，或点击"选择操作"中的"输入仪表读数"和"管理仪表读数历史"，也可以输入仪表读数。

4）一次设备—缺陷信息。当设备发生缺陷并上报后，系统会自动关联到该设备的缺陷信息，供使用人员查看；也可以点击每条缺陷后面的箭头，进入缺陷的详细信息页面查看，"变电一次设备"缺陷信息界面如图1－2－19所示。

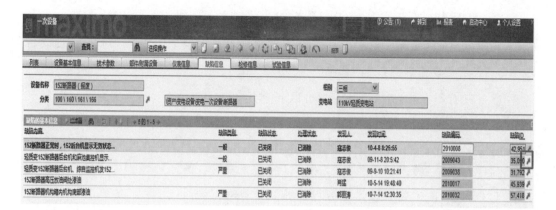

图 1-2-19　"变电一次设备"缺陷信息界面

5）一次设备—检修信息。当设备发生过检修后，系统会自动关联到该设备中的检修信息中，供使用人员查看；也可以根据每条记录的记录编码，进入"设备检修记录"查看详细信息，"变电一次设备"检修信息界面如图 1-2-20 所示。

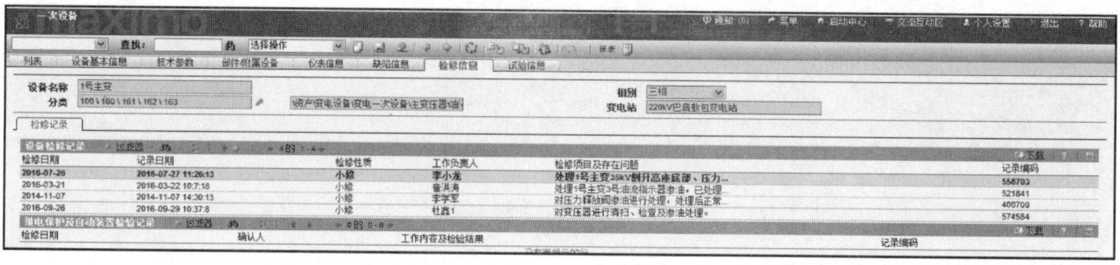

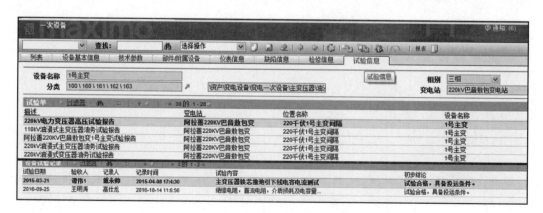

图 1-2-20　"变电一次设备"检修信息界面

6）一次设备—试验信息。当设备发生过试验后，系统会自动关联到该设备中的试验信息中，进入"变电一次设备"试验信息界面；也可以根据每条记录的试验单编号，进入"设备试验记录"查看详细信息，"变电一次设备"试验信息界面如图 1-2-21 所示。

图 1-2-21　"变电一次设备"试验信息界面

2. 修改一次设备

如果要修改某个设备的信息，点击"菜单→设备→设备管理→一次设备"，在一次设备页面的"列表" 列表 中找到该设备后，进入"设备基本信息"页面，修改相关的信息后，点击"保存" 🖫 按钮就可以。

3. 删除一次设备

如果要删除某个设备的信息，点击"菜单→设备→设备管理→一次设备"，在一次设备页面的"列表" 列表 中找到该设备后，进入"设备基本信息"页面，再点击"选择操作 ∨"中的"删除资产"，就可以删除该设备。

注意：删除一次设备时，如果该设备中包含附属设备，那么需要先删除该设备与附属设备的关联关系以及设备的关联记录，然后再删除该设备。已经投运的设备不能在系统中删除，只能更改其状态作为标识。

二、输电线路台账录入

输电线路台账录入项目包括输电线路台账和杆塔台账，而输电线路台账又包括架空线路台账、电缆线路台账和混合线路台账。本书以架空线路的新增、修改、删除操作为例，电缆线路和混合线路的操作参考执行。

（一）架空线路

1. 新增架空线路

（1）点击"菜单→输电管理→设备管理→架空线路"，进入"架空线路"列表界面，如图 1-2-22 所示。

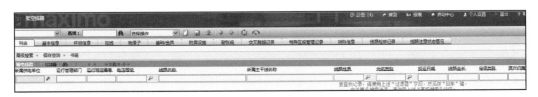

图 1-2-22 "架空线路"列表界面

在"列表" 列表 页面中，按回车可以查看权限范围内的所有架空线路；也可以在"过滤器" 🔍 中输入或选择条件，再按回车来查找需要的数据。

（2）点击"新建" 🗋 图标，进入"架空线路"的基本信息界面新建架空线路，"架空线路"的基本信息界面如图 1-2-23 所示。

1）提前检查。创建架空线路的地点已经存在，同时保证当前使用人员的默认插入地点是"＊＊＊输电"的地点。

2）线路名称。输入线路的名称。

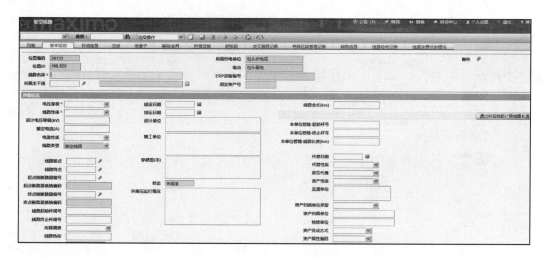

图 1-2-23 "架空线路"基本信息界面

3）所属主干线。如果该线路是 T 接线，就需要选择所属主干线，如果该线路为主干线，这里不需要选择。"电压等级"和"线路性质"必须进行选择。带 * 的为必填项。

4）线路类型。线路类型是只读，不能进行修改。其中"线路起点""线路终点""起点断路器编码""终点断路器编码""运行班组编号"必须进行选择，不能手动输入，否则将来进行状态检修计划编制时，线路和断路器就无法进行关联。填写完相关信息后，点击工具栏中的"保存 💾"按钮，保存相关信息。

（3）更改线路的状态。点击工具栏中的"更改状态 🔄"按钮，可以更改线路的状态（如在运、未就绪等）。

1）架空线路—杆塔信息。显示该线路在系统中填写的杆塔信息，"架空线路"杆塔信息界面如图 1-2-24 所示。

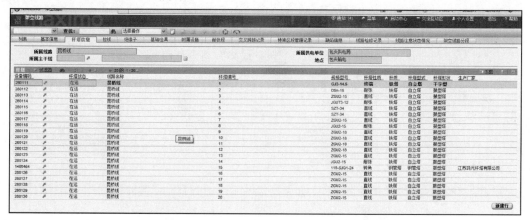

图 1-2-24 "架空线路"杆塔信息界面

2）架空线路—拉线。显示该线路在系统中填写的拉线信息，"架空线路"拉线界面如图1-2-25所示。

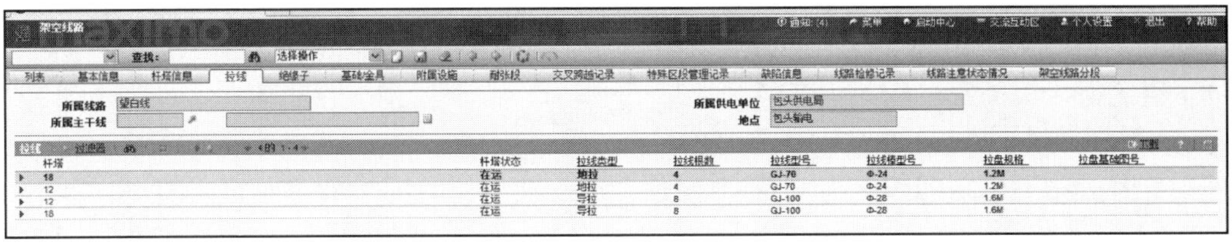

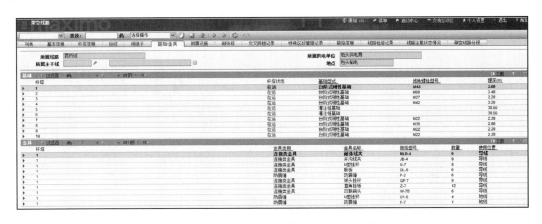

图1-2-25　"架空线路"拉线界面

3）架空线路—绝缘子。显示该线路在系统中填写的绝缘子信息，"架空线路"绝缘子界面如图1-2-26所示。

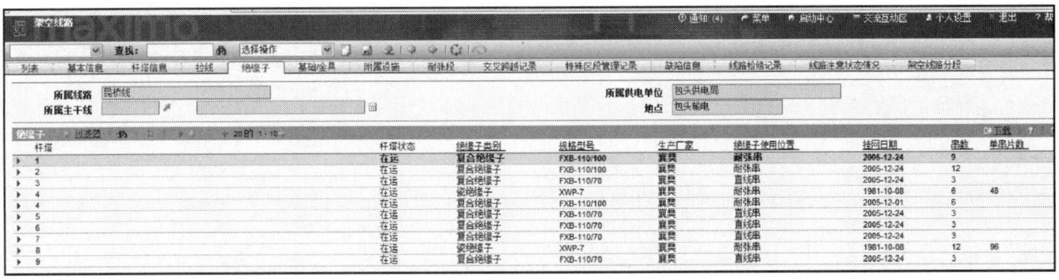

图1-2-26　"架空线路"绝缘子界面

4）架空线路—基础/金具。显示该线路在系统中填写的基础/金具信息，"架空线路"基础/金具界面如图1-2-27所示。

图1-2-27　"架空线路"基础/金具界面

5）架空线路—附属设备。显示该线路在系统中填写的附属设施信息，"架空线路"附属设备界面如图1-2-28所示。

6）架空线路—耐张段。在此页面，点击"新增行"按钮，可以逐条新增耐张段；也可以点击"生成耐张段"按钮，批量生成耐张段；点击"清理耐张段"按钮，清除

图 1-2-28 "架空线路"附属设备界面

生成的所有耐张段。"架空线路"耐张段界面如图 1-2-29 所示。

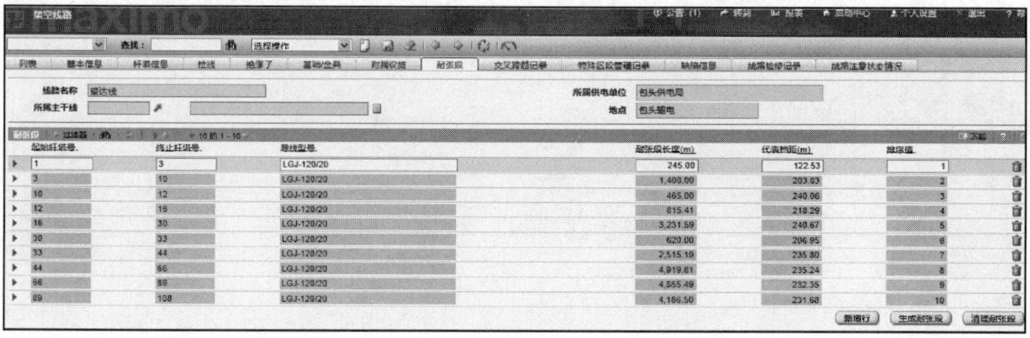

图 1-2-29 "架空线路"耐张段界面

7）架空线路—交叉跨越记录。显示该线路在系统中填写的交叉跨越记录，"架空线路"交叉跨越记录界面如图 1-2-30 所示。

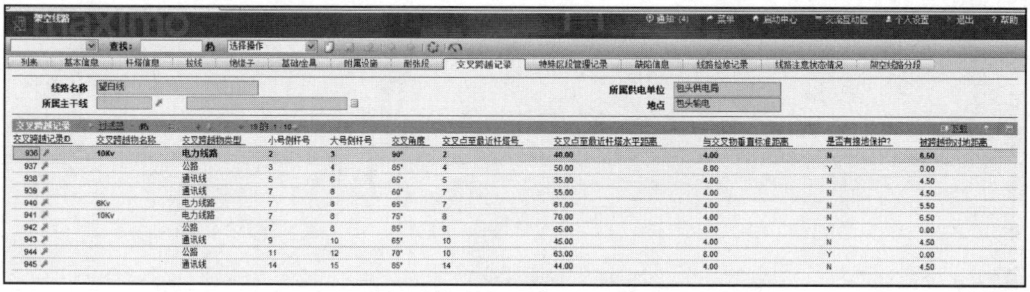

图 1-2-30 "架空线路"交叉跨越记录界面

8）架空线路—特殊区段管理记录。显示该线路在系统中填写的特殊区段管理记录，"架空线路"特殊区段管理记录界面如图 1-2-31 所示。

9）架空线路—缺陷信息。当线路上报缺陷后，显示该线路的缺陷信息；也可以点击每条缺陷后面的箭头，查看缺陷的详细信息页面。"架空线路"缺陷信息界面如图

1-2-32所示。

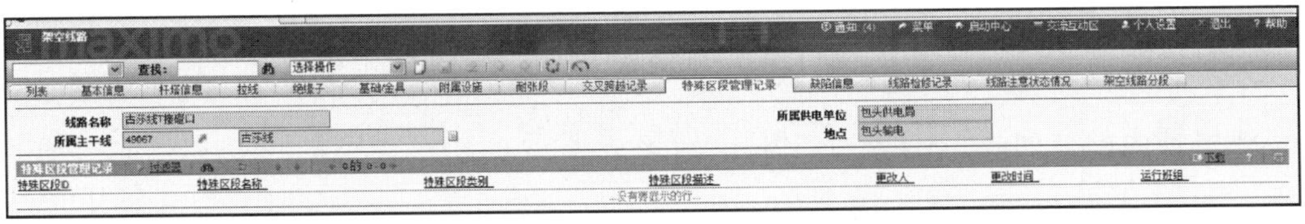

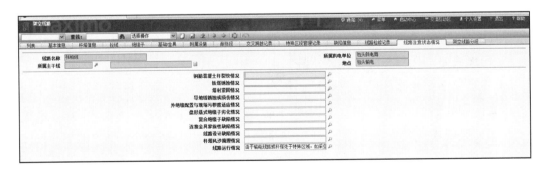

图1-2-31 "架空线路"特殊区段管理记录界面

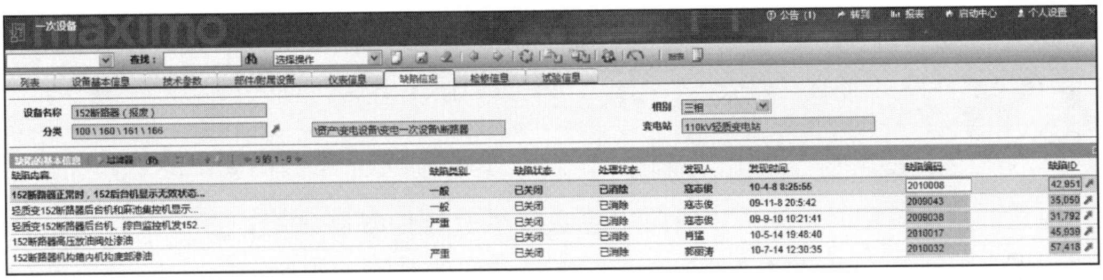

图1-2-32 "架空线路"缺陷信息界面

10）架空线路—线路检修记录。当线路发生过检修并在系统中填写了检修记录后，可显示该线路的检修记录信息。"架空线路"线路检修记录界面如图1-2-33所示。

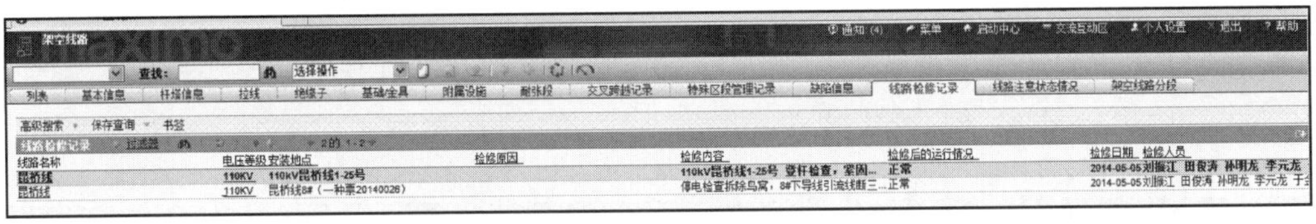

图1-2-33 "架空线路"线路检修记录界面

11）架空线路—线路注意状态情况。如果某条线路由于有一些问题需要引起注意，可以在这里选择相关的值，而且这个值会影响状态检修评价的结果。"架空线路"线路注意状态情况界面如图1-2-34所示。

图1-2-34 "架空线路"线路注意状态界面

注意：新建架空线路时，可以先进入某条线路的"基本信息"页面，点击"选择操作"中的"复制资产",复制当前的线路信息。

2. 修改架空线路

如果要修改某条线路的信息,点击"菜单→输电管理→设备管理→架空线路",在架空线路页面的"列表" 列表 中找到该线路后,进入线路的"基本信息"页面,修改相关的信息后,点击"保存" 按钮就可以。

3. 删除架空线路

如果要删除某条线路的信息,点击菜单"菜单→输电管理→设备管理→架空线路",在架空线路页面的"列表" 列表 中找到该线路后,进入线路的"基本信息"页面,再点击" 选择操作 "中的"删除线路",就可以删除该线路。

注意:删除线路时,如果该线路中包含杆塔及其他附属设施,那么需要先删除线路的杆塔等附属设施以及线路的关联记录,然后才能删除该线路。

(二)杆塔

杆塔中包括杆塔的基本信息,以及导线、地线、拉线、绝缘子、基础/金具、附属设施、交架及交叉跨越、缺陷信息、检修信息。

1. 新建杆塔

(1)点击"菜单→输电管理→设备管理→杆塔",进入杆塔页面,"杆塔"列表界面如图1-2-35所示。

图1-2-35 "杆塔"列表界面

(2)点击如图1-2-35所示的"新建" 按钮,进入新建杆塔界面,"杆塔"基本信息界面如图1-2-36所示。

1)所属线路。选择杆塔所属的线路。

2)杆塔数字编号和杆塔字符编号。填写杆塔的编号,如某个杆塔的编号为"10+1",那么杆塔数字编号为"10",杆塔的字符编号为"+1";如果某个杆塔的编号为"10",那么杆塔数字编号为"10",杆塔的字符编号就不用填写。

3)杆塔材质。必须选择。

(3)输入完相关信息后,点击工具栏中的"保存 "按钮。

1)更改杆塔的状态。点击工具栏中的"更改状态 "按钮,可以更改杆塔的

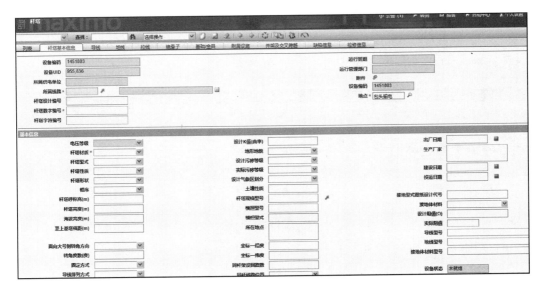

图1-2-36 "杆塔"基本信息界面

状态（如在运、未就绪等）。

2）杆塔—导线。点击导线页面中的"新增行"按钮，可以新增杆塔的导线；也可以点击"复制到其他杆塔"按钮，在弹出的窗口中选择杆塔，将该杆塔中的导线复制到其他杆塔，"杆塔"导线界面如图1-2-37所示。

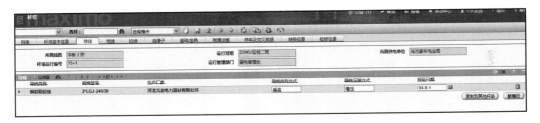

图1-2-37 "杆塔"导线界面

3）杆塔—地线。点击地线页面中的"新增行"按钮，可以新增杆塔的地线；也可以点击"复制到其他杆塔"按钮，在弹出的窗口中选择杆塔，将该杆塔中的地线复制到其他杆塔，"杆塔"地线界面如图1-2-38所示。

图1-2-38 "杆塔"地线界面

4）杆塔—拉线。点击拉线页面中的"新增行"按钮，可以新增杆塔的拉线；也可以点击"复制到其他杆塔"按钮，在弹出的窗口中选择杆塔，将该杆塔中的拉线复制到其他杆塔，"杆塔"拉线界面如图1－2－39所示。

图1－2－39 "杆塔"拉线界面

5）杆塔—绝缘子。点击绝缘子页面中的"新增行"按钮，可以新增杆塔的绝缘子；也可以点击"复制到其他杆塔"按钮，在弹出的窗口中选择杆塔，将该杆塔中的绝缘子复制到其他杆塔，"杆塔"绝缘子界面如图1－2－40所示。

图1－2－40 "杆塔"绝缘子界面

6）杆塔—基础/金具。点击基础/金具页面中的"新增行"按钮，可以新增杆塔的基础/金具；也可以点击"复制到其他杆塔"按钮，在弹出的窗口中选择杆塔，将该杆塔中的基础/金具复制到其他杆塔，"杆塔"基础/金具界面如图1－2－41所示。

7）杆塔—附属设施。点击附属设施页面中的"新增行"按钮，可以新增杆塔的附属设施；也可以点击"复制到其他杆塔"按钮，在弹出的窗口中选择杆塔，将该杆塔中的附属设施复制到其他杆塔，"杆塔"附属设施界面如图1－2－42所示。

8）杆塔—并架及交叉跨越。显示系统录入的线路的"同杆并架记录"以及"交叉跨越记录"信息。

9）杆塔—缺陷信息。当杆塔上报缺陷后，显示系统录入的杆塔的缺陷信息；也可以点击每条缺陷后面的箭头，查看进入缺陷的详细信息。

10）一次设备—检修信息。当杆塔发生过检修并在系统中填写了检修记录后，会把检修记录信息自动关联到该模块中，方便使用人员查看。

注意：新建杆塔时，可以先进入某个杆塔的"杆塔基本信息"页面，点击"选择

图 1-2-41 "杆塔"基础/金具界面

图 1-2-42 "杆塔"附属设施界面

操作"中的"复制资产",复制当前的杆塔信息。

2. 修改杆塔

如果要修改某个杆塔的信息,点击"菜单→输电管理→设备管理→杆塔",在杆塔页面的"列表" 列表 中找到该变杆塔后,进入"杆塔基本信息"页面,修改相关的信息后,点击工具栏中的"保存" 按钮就可以。

3. 删除杆塔

如果要删除某个杆塔的信息,点击"菜单→输电管理→设备管理→杆塔",在杆塔页面的"列表" 列表 中找到该变杆塔后,进入"杆塔基本信息"页面,再点击" 选择操作 "中的"删除资产",就可以删除该杆塔。

注意:删除杆塔时,如果该杆塔中包含导线、地线、绝缘子等其他附属设施,那么需要先删除杆塔的附属设施以及杆塔的关联记录,然后才能删除该杆塔。

第二节　附属设备台账录入

一、新建附属设备

附属设备的录入方法和一次设备的录入方法一样，进入"菜单→变电管理→设备管理→一次设备"，点击新建按钮"⬜"，新建附属设备后，输入基本信息后，点击"保存"按钮即可。"二次设备"基本信息界面如图1-2-43所示。

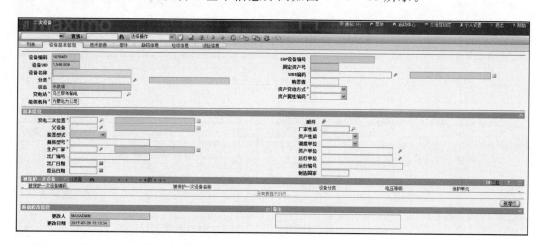

图1-2-43　"二次设备"基本信息界面

二、建立主设备与附属设备的关联关系

附属设备和父设备关联关系的建立，有以下两种方法：

（1）第一种方法。在附属设备的基本信息页面，点击"父设备"后面的箭头"✐"，在弹出的窗口中，选择该附属设备的父设备。

（2）第二种方法。在一次设备的列表中，找到主设备后，点击该设备的部件/附属设备 部件/附属设备 ，在页面中点击"添加部件"按钮，选择该设备下的附属设备。"二次设备"部件/附属设备界面如图1-2-44所示。

注意：附属设备没有在列表中，即在列表中查不到，点击"新增部件"按钮后，将新增该设备新的附属设备（部件），并且建立主设备与附属设备的关联关系。

三、删除主设备与附属设备的关联关系

删除主设备与附属设备的关联关系时，只能是在主设备的部件/附属设备中操作。即在一次设备的列表中找到主设备，点击该设备的"部件/附属设备"页面，再点击附

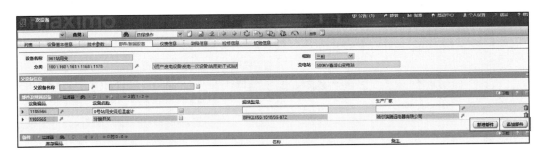

图 1-2-44 "二次设备"部件/附属设备界面

属设备数据后的删除按钮"",最后点击"保存"按钮,它们之间的关系就删除了。

注意:删除主设备与附属设备的关联关系时,只是删除关联关系,不删除具体的设备,删除关系后主设备和附属设备还在系统中存在,在列表中还可以查看主设备和附属设备。

第三节 设备缺陷记录录入

设备缺陷分为变电缺陷和输电缺陷,下面分别进行介绍。

一、变电缺陷管理记录

(一)变电缺陷的流程分类

变电缺陷的流程分为以下两种:

(1)第一种。不经过供电单位生技处处理的缺陷:变电站值班人员新建缺陷→运行管理人员受理缺陷→修试处人员处理缺陷→检修班组人员消除缺陷→变电站运行人员验收缺陷。

(2)第二种。经过供电单位生技处处理的缺陷:变电站值班人员新建缺陷→运行管理人员受理缺陷→生技处人员受理缺陷→修试处人员处理缺陷→检修班组人员消除缺陷→变电站运行人员验收缺陷。

流程中的运行管理人员、生技处人员、修试处人员这三种人既需要有操作权限,也需要有流程审核权限,而变电站运行人员只需要操作权限就可以。

(二)新增变电缺陷记录

由变电站运行人员登录系统后,点击"菜单→变电管理→缺陷管理→变电缺陷管理",进入变电缺陷管理页面,点击新建按钮""进行新建。

(1)缺陷单编号。系统自动生成。

（2）选择变电站。点击变电站后面的"🔍"进行变电站的选择，变电站选择界面如图1-2-45所示。

图1-2-45　变电站选择界面

（3）选择设备。点击设备名称后的"🖊"进行设备选择，而且一般是选择主设备，设备选择界面如图1-2-46所示。

图1-2-46　设备选择界面

（4）选择缺陷部件。点击部件后的"🖊"进行部件和缺陷类别的选择，缺陷部件选择界面如图1-2-47所示。

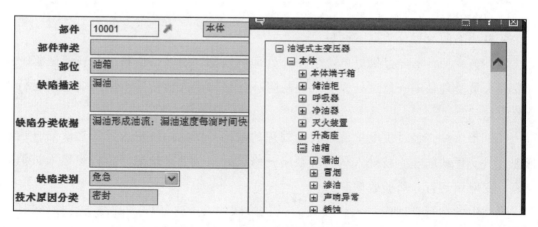

图1-2-47　缺陷部件选择界面

注意：选择部件的时候系统根据缺陷标准库的描述会自动添加"缺陷类别"和"技术原因分类"等信息。

（5）缺陷内容。必须填写，详细填写缺陷情况。例如："2号主变C相本体油箱漏油，漏油形成油流；漏油速度每滴时间快于5s且油位低于下限"，缺陷内容填写事例如图 1-2-48 所示。

图 1-2-48 缺陷内容填写事例

（6）发现人。缺陷发现人员，点击"✐"，选择当值人员。

（7）上报部门。根据发生缺陷设备的直接管辖部门，点击"✐"选择对应的受理部门，上报部门显示如图 1-2-49 所示。

图 1-2-49 上报部门显示

（8）以上信息填写完成后点击保存按钮"🖫"，保存缺陷记录信息。

（三）修改变电缺陷记录

1. 可修改的缺陷

只有以下两种情形的变电缺陷记录才可以修改：

（1）新建后没有发送工作流的缺陷。

（2）由运行管理部门发送工作流回退的缺陷。

2. 操作流程

（1）运行人员登录生产 MIS 后，点击"菜单→变电管理→缺陷管理→变电缺陷管理"，进入"变电设备缺陷管理"缺陷列表界面，如图 1-2-50 所示。

图 1-2-50 "变电设备缺陷管理"缺陷列表界面

（2）在"列表"页面的"过滤器"中输入相关条件后，点击回车，找到需要修改的缺陷记录，点击该记录进入"变电设备缺陷管理"缺陷详细信息界面，如图1-2-51所示。

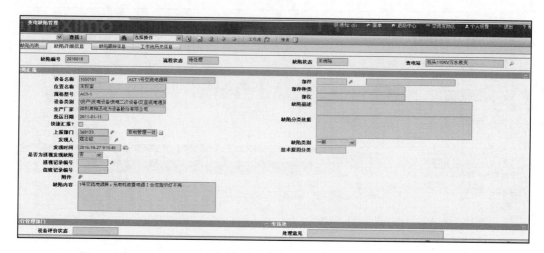

图1-2-51 "变电设备缺陷管理"缺陷详细信息界面

（3）对页面中"变电站""设备名称""部件""上报部门""发现人""发现时间""缺陷内容"等相关内容进行修改后，点击工具栏中"保存 🖫 "按钮，即可修改该记录。

（四）删除变电缺陷记录

1. 可删除的缺陷

没有发送工作流的缺陷记录才可以删除，一旦发送工作流后，缺陷记录就不可以删除了。

2. 操作流程

（1）运行人员登录生产MIS后，点击"菜单→变电管理→缺陷管理→变电缺陷管理"，进入"变电设备缺陷管理"缺陷列表界面，如图1-2-50所示。

（2）在"缺陷列表"页面的过滤框中输入相关条件后，点击回车，找到需要修改的缺陷记录，点击该记录进入"缺陷"的详细信息页面，点击工具栏中"选择操作"的下拉框按钮，再点击"删除缺陷"，然后在弹出框中点击"是"，即可删除该缺陷。"删除缺陷"显示如图1-2-52所示。

（五）变电缺陷处理工作流程

1. 变电站运行人员新建缺陷

（1）变电站值班人员登录生产MIS后，点击"菜单→变电管理→缺陷管理→变电缺陷管理"，进入"变电设备缺陷管理"缺陷详细信息界面，点击新建 🖫 按钮进行新

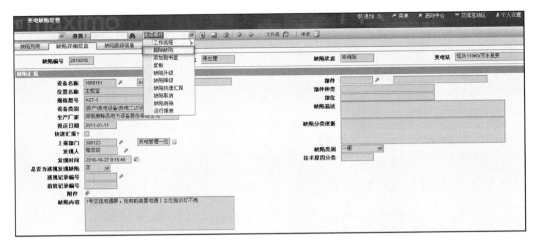

图 1-2-52 "删除缺陷"显示

建，如图 1-2-51 所示。

（2）点击详细信息页面的发送工作流图标 ，发起缺陷流程。

2. 运行管理部门人员审核缺陷

（1）运行管理部门人员登录生产 MIS 后，在任务收件箱中找到相应流程的缺陷单，点击进入详细信息页面。收件箱/任务分配如图 1-2-53 所示。

图 1-2-53 收件箱/任务分配

（2）选择"设备检修分类建议"，填写"处理意见""处理部门""协助部门""被通知人"后点击保存，签字和时间系统自动生成，然后点击 发送工作流。运行管理部门意见填写界面如图 1-2-54 所示。

3. 生技处人员审核缺陷

如果流程需要走"生技处审核"，则在运行管理部门流程处选择"处理部门"时选择发送给"生产技术管理处"即可。审核流程选择界面如图 1-2-55 所示。

4. 检修管理部门人员消缺安排

（1）检修管理部门人员登录生产 MIS 后，在任务收件箱中找到相应流程的缺陷单，点击进入详细信息页面。收件箱任务分配如图 1-2-53 所示。

（2）选择"设备检修分类安排"，填写"处理意见"、选择"处理班组"、填写"防范措施交代"后点击"保存"，签字和时间系统自动生成，然后点击" "发送工

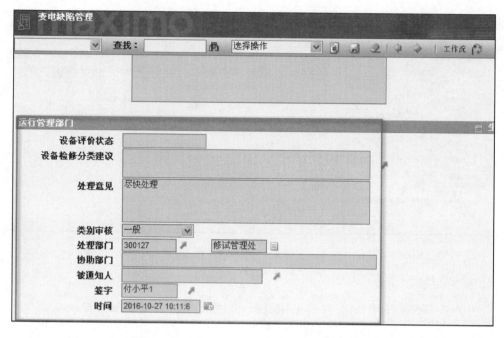

图 1 - 2 - 54　运行管理部门意见填写界面

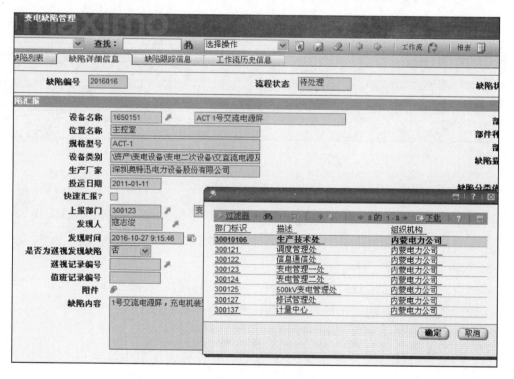

图 1 - 2 - 55　审核流程选择界面

作流。检修部门意见填写界面如图 1 - 2 - 56 所示。

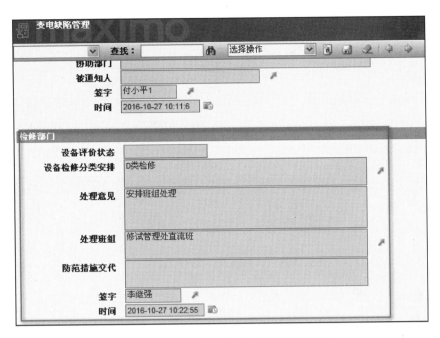

图 1-2-56　检修部门意见填写界面

5. 检修班组人员消除缺陷

（1）检修班组人员登录生产 MIS 后，在任务收件箱中找到相应流程的缺陷单，点击进入详细信息页面。收件箱/任务分配如图 1-2-53 所示。

（2）填写"处理内容""处理结论"，选择"具体技术原因"后点击保存，负责人签字和处理时间系统自动生成，然后点击" **工作流** "发送工作流。消缺班组意见填写界面如图 1-2-57 所示。

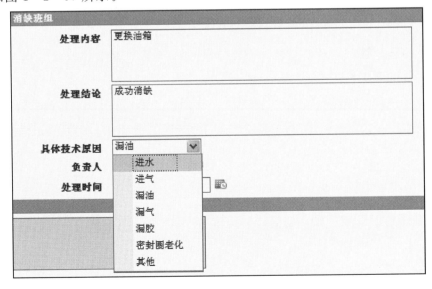

图 1-2-57　消缺班组意见填写界面

6. 变电站运行人员验收缺陷

（1）变电站运行人员登录生产 MIS 后，在任务收件箱中找到相应流程的缺陷单，点击进入详细信息页面。收件箱任务分配如图 1-2-53 所示。

（2）填写"验收意见"后点击保存，验收人签字和验收时间系统自动生成，然后点击" 工作流 "发送工作流，完成验收工作。运行部门意见填写界面如图 1-2-58 所示。

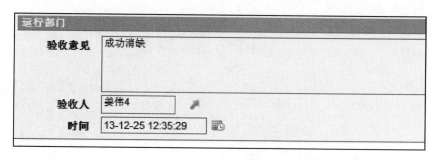

图 1-2-58　运行部门意见填写界面

（3）缺陷验收完成后，缺陷状态为"已消除"，流程状态为"已关闭"。

二、输电缺陷管理记录

（一）输电缺陷的流程分类

输电缺陷的流程分为以下两种：

（1）不经过生技部处理的缺陷：输电运行人员新建缺陷→运行管理人员受理缺陷→运检班组消除缺陷→输电运行人员验收缺陷。

（2）经过生技部处理的缺陷：输电运行人员新建缺陷→运行管理人员受理缺陷→生技处人员受理缺陷→运检班组消除缺陷→输电运行人员验收缺陷。

流程中的运行管理人员、生技处人员这两种人既需要有操作权限，也需要有流程权限，而输电运行人员只需要操作权限就可以。

（二）新增输电缺陷记录

由输电运行人员登录系统后，点击"菜单→输电管理→缺陷管理→输电缺陷管理"，进入输电缺陷管理页面，点击新建按钮" 🔲 "进行新建。

（1）缺陷单编号。系统自动生成。

（2）选择线路。点击线路名称后的" 🔍 "进行线路选择，线路选择界面如图 1-2-59 所示。

（3）选择部件：点击部件后的" 🖈 "进行部件和缺陷类别的选择，线路部件选择界面如图 1-2-60 所示。

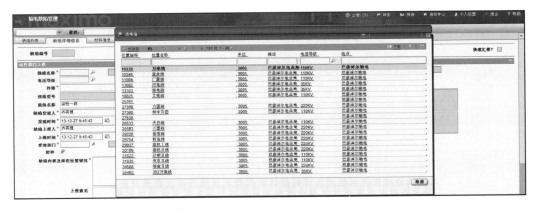

图 1-2-59 线路选择界面

注意：选择部件的时候根据缺陷标准库的描述会自动添加"缺陷类别"和"技术原因分类"等信息。

（4）缺陷内容及所在位置情况。必须填写，详细填写缺陷情况。如"14 号丢失塔材二根一层平台处"。

（5）受理部门。根据发生缺陷线路的直接管辖部门，点击"✐"选择对应的受理部门，受理部门选择界面如图 1-2-61 所示。

（6）杆塔。根据线路选择对应杆塔名称，如"14 号"。

（7）以上信息填写完成后点击保存按钮"💾"，保存缺陷记录信息。

（三）修改输电缺陷记录

1. 可修改的缺陷

只有以下两种情形的输缺陷记录才可以修改：

（1）新建后没有发送工作流的缺陷。

（2）发送工作流后回退的缺陷。

2. 操作流程

（1）运行人员登录生产 MIS 后，点击"菜单→输电管理→缺陷管理→输电缺陷管理"，进入"输电缺陷管理"缺陷列表界面，如图 1-2-62 所示。

（2）在"缺陷列表"页面的过滤框中输入相关条件后，点击回车，找到需要修改

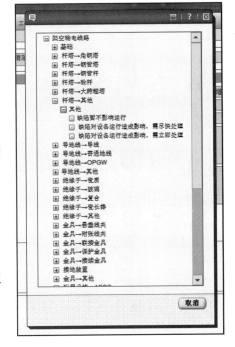

图 1-2-60 线路部件选择界面

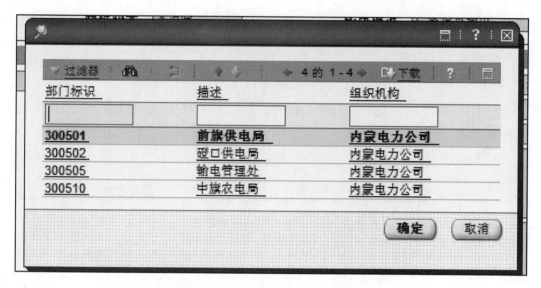

图 1-2-61 "受理部门"选择界面

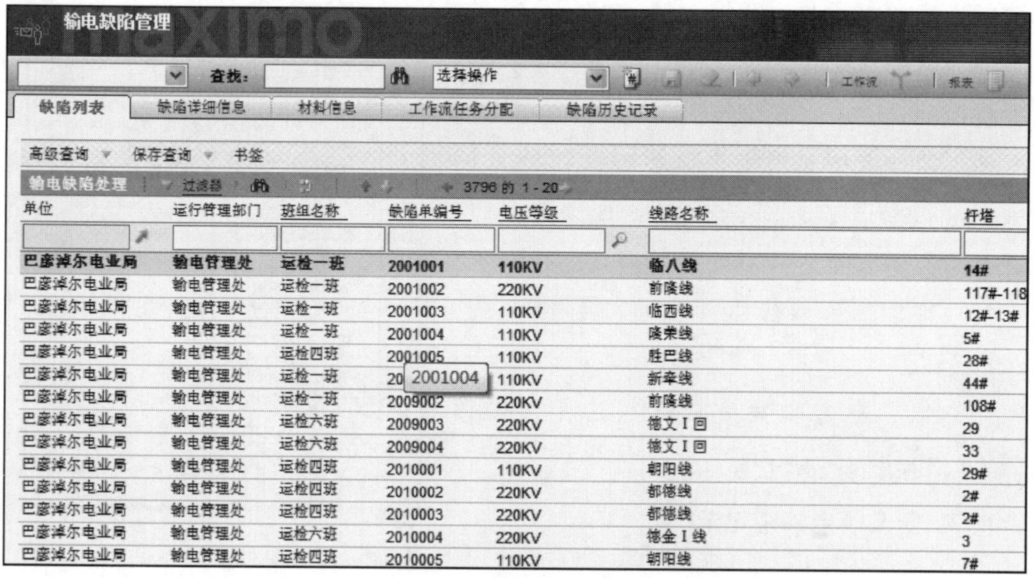

图 1-2-62 "输电缺陷管理"缺陷列表界面

的缺陷记录，点击该记录进入"输电缺陷管理"缺陷详细信息界面，如图 1-2-63 所示。

（3）对页面中"线路名称""部件""受理部门""发现人""发现时间""缺陷内容"等相关内容进行修改后，点击工具栏中按钮" ⬛ "，即可修改该记录。

（四）删除输电缺陷记录

操作流程如下：

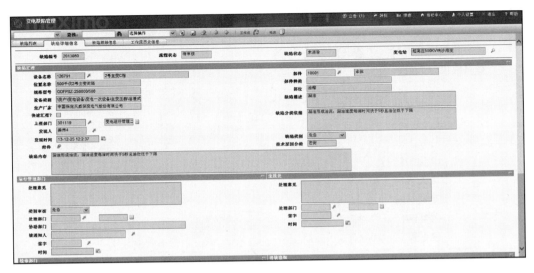

图 1-2-63 "输电缺陷管理"缺陷详细信息界面

（1）运行人员登录生产 MIS 后，点击"菜单→输电管理→缺陷管理→输电缺陷管理"，进入"输电缺陷管理"缺陷列表界面，如图 1-2-62 所示。

（2）在"缺陷列表"页面的过滤框中输入相关条件后，点击回车，找到需要修改的缺陷记录，点击该记录点击该记录进入"输电缺陷管理"缺陷详细信息界面，如图 1-2-63 所示。

（3）点击工具栏中 选择操作 ▼ "选择操作"的下拉框按钮，再点击"删除缺陷"，然后在弹出框中点击"是"，即可删除该缺陷。

（五）输电缺陷处理工作流程

1. 输电运行人员新建缺陷流程

（1）输电运行人员登录生产 MIS 后，点击"菜单→输电管理→缺陷管理→输电缺陷管理"，进入点击该记录进入"输电缺陷管理"缺陷详细信息界面，点击新建按钮"⊞"进行新建。"输电缺陷管理"缺陷详细信息界面如图 1-2-63 所示。

（2）点击详细信息页面的发送工作流图标" 工作流 Y "，发起缺陷流程。

2. 运行管理部门人员审核缺陷

运行管理部门人员登录生产 MIS 后，点击"收件箱/任务分配"下方的缺陷任务，收件箱任务分配如图 1-2-53 所示。

选择"线路检修分类建议"，填写"处理意见""审核人签字""受理时间""处理班组"后点击保存，然后再点击" 工作流 Y "发送工作流。运行管理部门受理界面如图 1-2-64 所示。

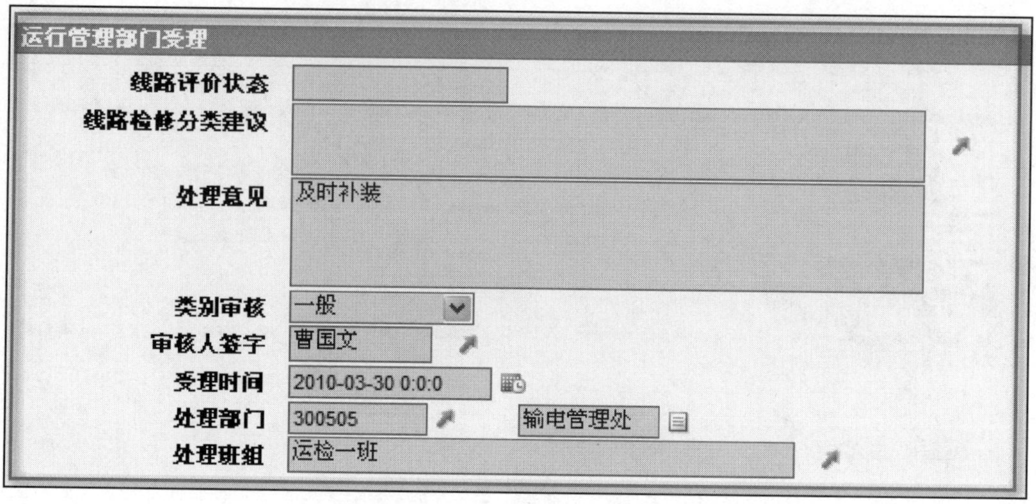

图 1-2-64 运行管理部门受理界面

3. 生技处审核缺陷

如果流程需要走"生技处审核",则在运行管理部门流程处选择"处理部门"时选择发送给"生产技术部"即可。

4. 运检班组消除缺陷

运检班组人员登录生产 MIS 后,在任务收件箱中找到相应流程的缺陷单,点击进入详细信息页面。收件箱任务分配如图 1-2-53 所示。

填写"处理结果",选择"验收班组"点击保存,签字和时间系统自动生成,然后点击" 工作流 "发送工作流。消缺班组处理意见界面如图 1-2-65 所示。

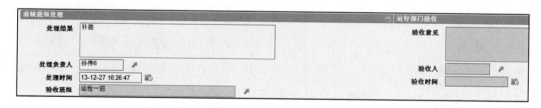

图 1-2-65 消缺班组处理意见界面

5. 输电运行人员验收缺陷

运行人员登录生产 MIS 后,在任务收件箱中找到相应流程的缺陷单,点击进入详细信息页面。收件箱任务分配如图 1-2-53 所示。

填写"验收意见"后点击保存,验收人签字和验收时间系统自动生成,然后点击" 工作流 "发送工作流,完成验收工作。缺陷验收完成后,缺陷状态为"已消除",流程状态为"已关闭"。验收意见界面如图 1-2-66 所示。

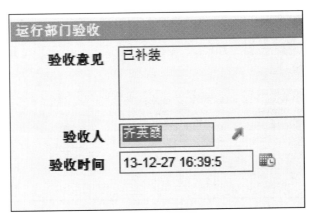

图 1-2-66 验收意见界面

第四节 设备检修记录录入

由检修人员填写设备检修记录，运行人员验收记录。

一、新建检修记录

（1）检修人员登录生产 MIS 系统后，点击"菜单→变电管理→检修管理→设备检修记录"，进入"设备检修记录"列表界面，如图 1-2-67 所示。

设备检修记录编号	变电站	电压等级	设备类型	设备名称
577515	包头220KV万胜变	220kV	隔离开关和接地开关	2522隔离开关
577516	包头220KV万胜变	220kV	隔离开关和接地开关	2516隔离开关
577519	包头220KV万胜变	220kV	隔离开关和接地开关	2122隔离开关
577518	包头220KV万胜变	220kV	隔离开关和接地开关	219隔离开关
577517	包头220KV万胜变	220kV	隔离开关和接地开关	2512隔离开关
565746	乌海110KV巴音陶亥变	110kV	电容式电压互感器	119电压互感器C相
565745	乌海110KV巴音陶亥变	110kV	电容式电压互感器	119电压互感器B相
563268	乌兰察布220KV斗金山变	110kV	油浸式电流互感器	153电流互感器A相
563267	乌兰察布220KV斗金山变	110kV	油浸式电流互感器	153电流互感器B相
524697	乌兰察布220KV丰镇地区变	110kV	金属氧化物避雷器	182避雷器A相
524696	乌兰察布220KV丰镇地区变	110kV	金属氧化物避雷器	182避雷器B相
463234	乌海110KV西来峰变	110kV	油浸式主变压器	3号主变

图 1-2-67 "设备检修记录"列表界面

（2）点击新建按钮"[图]"，创建设备检修记录，"设备检修记录"信息记录界面如图 1-2-68 所示。

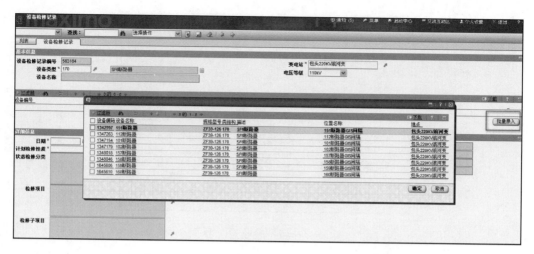

图 1-2-68 "设备检修记录"信息记录界面

选择变电站、设备类型、电压等级这些值后，再点击"批量录入"按钮，可以选择同一个设备类型、同一电压等级的多个设备。

（3）再输入其他基本信息后，点击保存按钮"■"。

注意：批量录入中，选择了几个设备，保存后就同时生成几个设备的检修记录，如批量录入中选择了5个设备，保存后同时生成这5个设备的检修记录。

二、删除检修记录

检修人员登录生产 MIS 系统后，点击"菜单→变电管理→检修管理→设备检修记录"，在列表中找到要删除的检修记录，点击进入设备检修记录的详细信息页面，再点击"选择操作"中的删除记录。"删除检修记录"的"删除"命令显示如图 1-2-69 所示。

图 1-2-69 "删除记录"
命令显示

注意：已经验收的检修记录是无法删除的。

三、验收检修记录

运行人员验收检修记录操作分为两步：第一步是当值人员在检修记录模板中对检修记录进行验收；第二步是其他值班人员在"值班及交接班管理—检修验收事件—检修记录"中对检修记录进行签字确认。而且对检修记录的签字确认次数和值班班次有关，如变电站是三班倒，那么就需要签三次字。具体操作如下：

（1）检修人员登录生产 MIS 系统后，点击"菜单→变电管理→检修管理→设备检修记录"，在列表中找到要验收的检修记录，点击进入设备检修记录的详细信息页面，再点击"选择操作"中的验收记录。"验收"命令显示如图 1-2-70 所示。

系统提示"是否对此记录进行验收",点击确定按钮
" 确定 "。

注意:验收检修记录的时候,一次只能验收一条
记录。

(2)其他值班人员登录 MIS 系统后,点击"菜单→变
电管理→运行→值班及交接班管理",进入"检修验收事

图 1-2-70 "验收"命令

件—检修记录"中,在每条记录的"值班人员查阅后签字"后点击箭头,选择名字进
行签字确认。"值班及交接班管理"检修验收事件界面如图 1-2-71 所示。

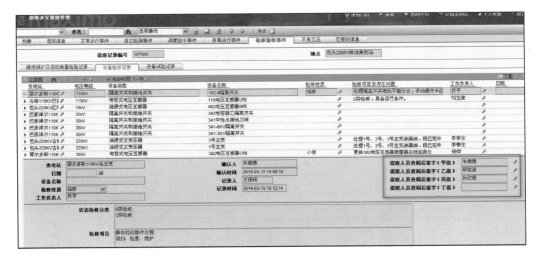

图 1-2-71 "值班及交接班管理"检修验收事件界面

第五节 设备试验记录录入

由检修人员填写设备试验记录,运行人员验收记录。

一、新建试验记录

(1)检修人员登录生产 MIS 系统后,点击"菜单→变电管理→检修管理→设备试
验记录",进入"设备试验记录"列表界面如图 1-2-72 所示。

(2)点击新建按钮" ",创建设备试验记录,"设备试验记录"录入界面如图
1-2-73所示。

选择变电站、设备类型、电压等级这些值后,再点击"批量录入"按钮,可以选
择同一个设备类型、同一电压等级的多个设备。

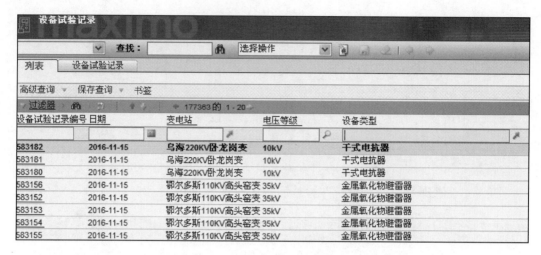

图1-2-72 "设备试验记录"列表界面

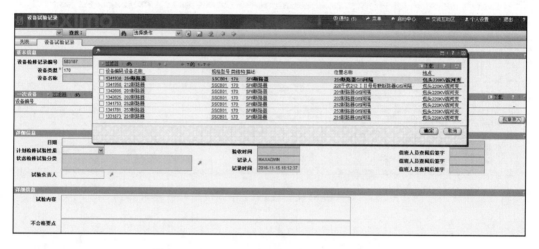

图1-2-73 "设备试验记录"录入界面

（3）再输入其他基本信息后，点击保存按钮""，系统提示："该记录已保存"。

注意：批量录入中，选择了几个设备，保存后就同时生成几个设备的试验记录，如批量录入中选择了5个设备，那么保存后同时生成这5个设备单独的试验记录。

二、删除试验记录

检修人员登录MIS系统后，点击"菜单→变电管理→检修管理→设备试验记录"，在列表中找到要删除的试验记录，点击进入设备试验记录的详细信息页面，再点击"选择操作"中的删除记录。"删除"命令显示如图1-2-69所示。

注意：已经验收的试验记录是无法删除的。

三、验收试验记录

运行人员验收检修记录分为两步：第一步是当值人员在试验记录模板中对试验记

录进行验收；第二步是其他值班人员在"值班及交接班管理—检修验收事件—试验记录"中对试验记录进行签字确认。而且对试验记录的签字确认次数和值班班次有关，如变电站是三班倒，那么就需要签三次字。具体操作如下：

（1）检修人员登录 MIS 系统后，点击"菜单→变电管理→检修管理→设备试验记录"，在列表中找到要验收的试验记录，点击进入设备试验记录的详细信息页面，再点击"选择操作"中的"验收"记录。系统提示"是否对此记录进行验收"，点击确定按钮" 确定 "，即可。

注意：验收试验记录的时候，一次只能验收一条记录。

（2）其他值班人员登录 MIS 系统后，点击"菜单→变电管理→运行→值班及交接班管理"，进入"检修验收事件—试验记录"中，在每条记录的"值班人员查阅后签字"后点击箭头，选择名字进行签字确认。"值班及交接班管理"试验记录验收界面如图1-2-74所示。

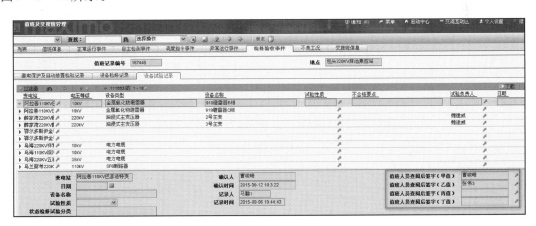

图 1-2-74 "值班及交接班管理"试验记录验收界面

第六节 设备试验报告录入

试验报告的录入流程为：试验班组人员新建试验→班组长审核→工区人员审核→生技处人员审核。

流程中的班组长、工区人员、生技处人员这三种人员既需要有操作权限，也需要有流程权限，而试验班组人员只需要操作权限就可以了。

一、新建设备试验报告

由试验班组人员登录系统后，点击"菜单→变电管理→试验管理→设备试验管理"，进入"试验管理"的试验单界面，点击新建按钮" 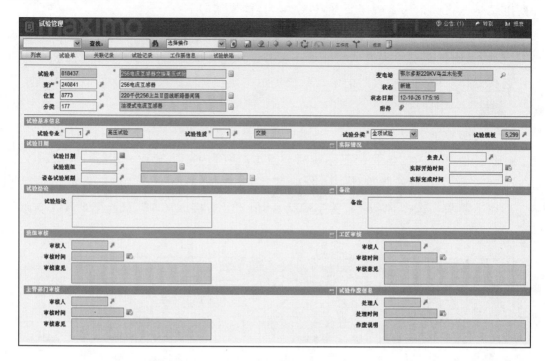 "进行新建。"试验管理"的试验单界面如图 1-2-75 所示。

图 1-2-75 "试验管理"的试验单界面

1. 试验报告录入流程

新建设备试验报告录入流程如下：

（1）首先要点击变电站的箭头" "，选择变电站。

（2）点击资产的箭头" "，选择资产，选择资产后，位置和分类会自动将台账的信息关联过来。

（3）选择试验专业。

（4）选择试验性质。

（5）选择试验模块，选择模板的时候，一定要选择定义好的标准模板。

（6）再输入试验日期、试验班组、负责人等其他相关的信息。

"试验管理"的试验单示例界面如图 1-2-76 所示。

2. 同一试验不同设备之间的关联

如果是针对多个设备进行了同一个试验，那么就可以在关联记录中，把其他相关的设备都选进来，然后在录入试验数据的时候，根据试验相别进行区分。如变压器 A、B、C 三相同时做的时候，就可以关联记录中把其他相别的设备关联进来。"试验管理"

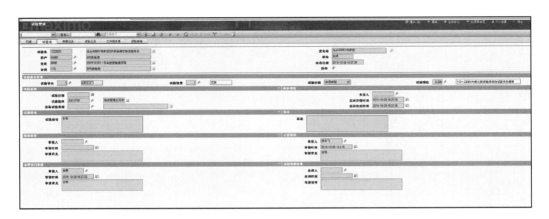

图 1-2-76 "试验管理"的试验单示例界面

的关联记录界面如图 1-2-77 所示。

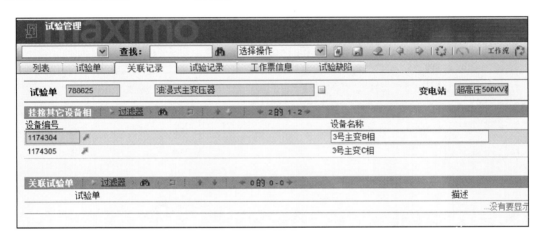

图 1-2-77 "试验管理"的关联记录界面

3. 试验结果填写

在试验记录中，录入试验结果，如试验的温度、湿度、试验数据及试验结论等信息。有些试验数据会根据公式计算自动生成，并且会自动判断试验项目是否合格。这些自动生成的记录都是事先在模板中进行公式定义的。"试验管理"的试验记录界面如图 1-2-78 所示。

4. 试验记录与工作票信息关联

选择关联该次试验相关的工作票，"试验管理"的工作票信息界面如图 1-2-79 所示。

5. 试验与缺陷信息的关联

关联与该次试验相对应登记的缺陷，"试验管理"的试验缺陷界面如图 1-2-80 所示。

图 1-2-78　"试验管理"的试验记录界面

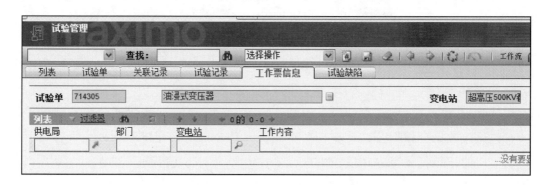

图 1-2-79　"试验管理"的工作票信息界面

6. 试验信息作废

如果此次试验作废，由新建试验报告的人员点击工具栏 选择操作 中的"作废"，那么就可以作废此次试验单。试验信息"作废"命令显示如图 1-2-81 所示。

注意：作废试验报告的人员必须是新建试验报告的人员。新建状态的试验报告或

图 1-2-80 "试验管理"的试验缺陷界面

正在流程中的试验报告都是可以作废的,并且作废后,状态为作废,工作流为关闭,不需要再进行审核操作。

二、删除设备试验报告

由试验人员登录生产 MIS 后,点击"菜单→变电管理→试验管理→设备试验管理",进入试验管理页面,在列表中找到要删除的试验记录,进入设备试验记录的详细信息页面,再点击"选择操作"中的"删除工单",即可删除设备试验报告。"删除工单"命令显示如图 1-2-82 所示。

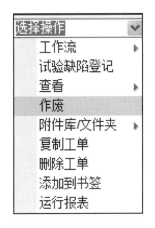 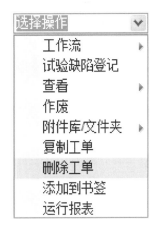

图 1-2-81 "作废"命令   图 1-2-82 "删除工单"命令

注意:已经发送工作流或作废的试验报告是无法删除的。

三、试验管理工作流

1. 试验班组人员新建试验

试验班组人员登录生产 MIS 后,点击"菜单→变电管理→试验管理→设备试验管理",进入设备试验记录页面,点击详细信息页面的发送工作流图标 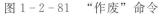,发起试验流程。"试验管理"的试验单界面如图 1-2-75 所示。

2. 班组长审核

班组人员登录生产 MIS 后，在任务收件箱中找到相应流程的试验单，点击进入详细信息页面，填写"审核意见"后点击保存，审核人和审核时间系统自动生成，然后点击"工作流 ⅄"发送工作流。班组审核试验单界面如图 1-2-83 所示。

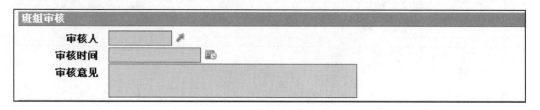

图 1-2-83　班组审核试验单界面

3. 工区人员审核

工区人员登录生产 MIS 后，在任务收件箱中找到相应流程的试验单，点击进入详细信息页面，填写"审核意见"后点击保存，审核人和审核时间系统自动生成，然后点击"工作流 ⅄"发送工作流。工区审核试验单界面如图 1-2-84 所示。

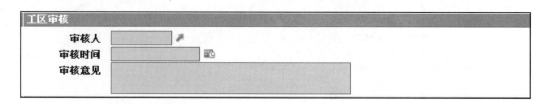

图 1-2-84　工区审核试验单界面

在工区审核步骤可结束试验，也可以发送给生技处审核人进一步审核。

4. 生技处人员审核

生技处人员登录生产 MIS 后，在任务收件箱中找到相应流程的试验单，点击进入详细信息页面，填写"审核意见"后点击保存，审核人和审核时间系统自动生成，然后点击"工作流 ⅄"发送工作流。主管部门审核试验单界面如图 1-2-85所示。

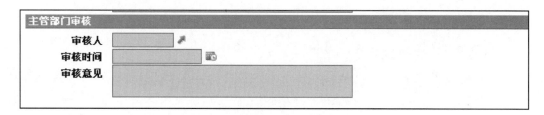

图 1-2-85　主管部门审核试验单界面

第七节 不 良 工 况 录 入

设备经受不良工况的情况主要是指设备经受高温、雷电、冰冻、洪涝等自然灾害、外力破坏等环境影响，以及超温、过负荷、外部短路等工况。

不良工况的记录是由变电站的当值人员录入的，包括变压器过励磁记录、变压器过负荷记录、变压器短路冲击记录和断路器故障跳闸等记录。

变电站的当值人员登录生产 MIS 系统后，点击"菜单→变电管理→运行管理→值班及交接班管理"，进入值班及交接班管理页面，点击"不良工况"页面。

一、变压器过励磁记录

1. 新增变压器过励磁记录

点击"不良工况"中的"变压器过励磁记录"，再点击页面右下角的"新增行"，选择变电站、设备名称，输入运行电压、运行电流、分接电压、绕组额定电压和分接范围、分接位置、发生时间、结束时间等信息，其中持续时间是由系统自动生成的，最后点击工具栏中的保存按钮"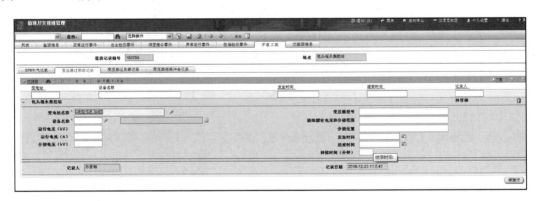"，保存相关记录。"变压器过励磁记录"界面如图 1-2-86 所示。

图 1-2-86 "变压器过励磁记录"界面

2. 删除变压器过励磁记录

如果删除记录，点击记录后面的垃圾桶"🗑"，并点击工具栏中的保存按钮"💾"。

二、变压器过负荷记录

1. 新增变压器过负荷记录

点击不良工况中的变压器过负荷记录，再点击页面右下角的"新增行"，选择变电站、设备名称，输入发生时间、结束时间、高压侧额定电流、高压侧实际电流、高压侧过负荷率、中压侧额定电流、中压侧实际电流、中压侧过负荷率、低压侧额定电流、低压侧实际电流、低压侧过负荷率等信息，其中持续时间是由系统自动计算生成的，最后点击工具栏中的保存按钮"💾"。"变压器过负荷记录"界面如图 1-2-87 所示。

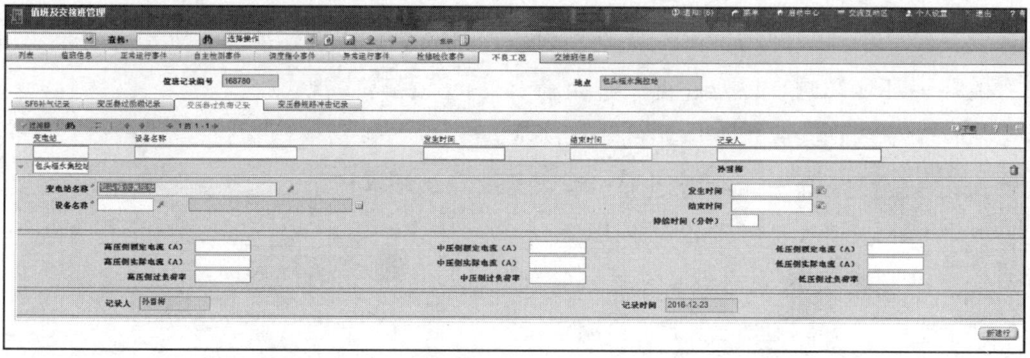

图 1-2-87 "变压器过负荷记录"界面

2. 删除变压器过负荷记录

如果删除记录，点击记录后面的垃圾桶"🗑"，并点击工具栏中的保存按钮"💾"。

三、变压器短路冲击记录

1. 新增变压器短路冲击记录

点击"不良工况"中的变压器短路冲击记录，再点击页面右下角的"新增行"，选择变电站、设备名称，输入额定容量、故障日期、短路持续时间、短路侧绕组额定容量、短路侧绕组额定电压、短路绕组短路电流、阻抗电压、累计受冲击次数，最后点击工具栏中的保存按钮"💾"。"变压器短路冲击记录"界面如图 1-2-88 所示。

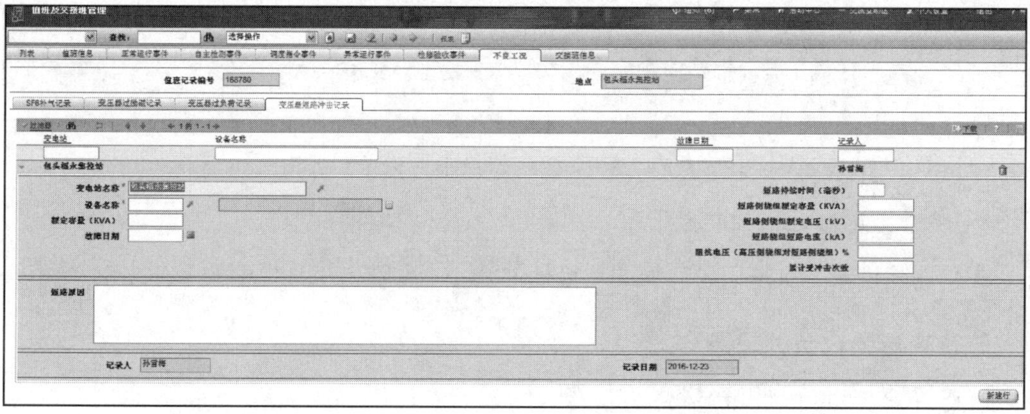

图 1-2-88 "变压器短路冲击记录"界面

74

2. 删除变压器短路冲击记录

如果删除记录，点击记录后面的垃圾桶"🗑"，并点击工具栏中的保存按钮"💾"。

四、断路器故障跳闸记录

在"值班及交接班管理"页面填写相关信息。

1. 新增断路器故障跳闸记录

点击"异常运行事件"中的"断路器故障跳闸记录"，再点击页面右下角的"新增行"，选择变电站、设备名称，输入断路器故障跳闸的相关信息。"断路器故障跳闸记录"界面如图1-2-89所示。

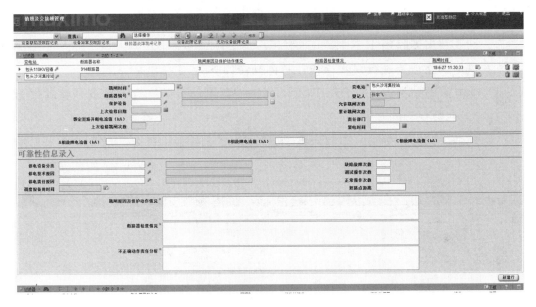

图1-2-89 "断路器故障跳闸记录"界面

点击记录右边的"☑"按钮，在弹出的窗口中，录入仪表的读数，然后点击工具栏中的保存按钮"💾"。"仪表数据录入"界面如图1-2-90所示。

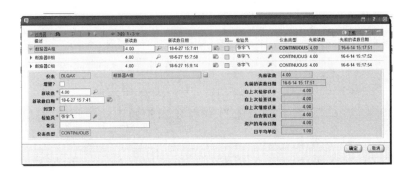

图1-2-90 "仪表数据录入"界面

2. 删除断路器故障跳闸记录

如果删除记录，点击记录后面的垃圾桶"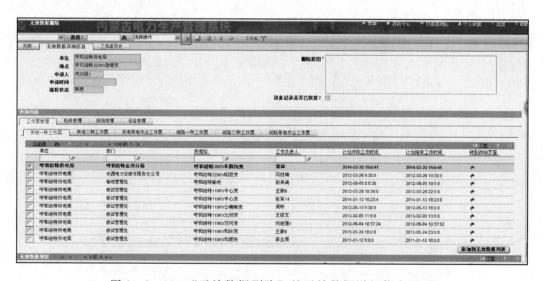🗑"，并点击工具栏中的保存按钮"💾"。

第八节 无效数据删除

一、无效数据删除申请

无效数据清理程序需要三个流程，即变电站人员新建流程，发送到工区人员，再发送到生技处人员，这样就可以删除无效数据了。

二、无效数据删除操作

无效数据删除需要进行9步操作，具体操作如下：

（1）变电站的站长进入生产 MIS 后，点击"菜单→自动→无效数据→无效数据删除"，进入无效数据删除页面。

（2）点击"新建"按钮，新建数据删除流程。"无效数据删除"的无效数据详细信息界面如图1-2-91所示。

图1-2-91 "无效数据删除"的无效数据详细信息界面

（3）填写"删除原因"，在"查询列表"中，进入相关的 TAB 页，回车后可以查看每个模块的所有数据，点击"单选框"选中要删除的记录，再点击右下角的"添加到无效数据列表"按钮。

注意：每次删除只能选择一条数据。无效数据详细信息重要信息框提示如图1-2-92所示。

图1-2-92 无效数据详细信息重要信息框提示

（4）在无效数据列表中会显示要删除的一条数据，再点击工具栏中的"发送工作流"按钮，将工作流发送到工区，工作流状态变为"工区审核"。"无效数据删除"的工作票显示如图1-2-93所示。

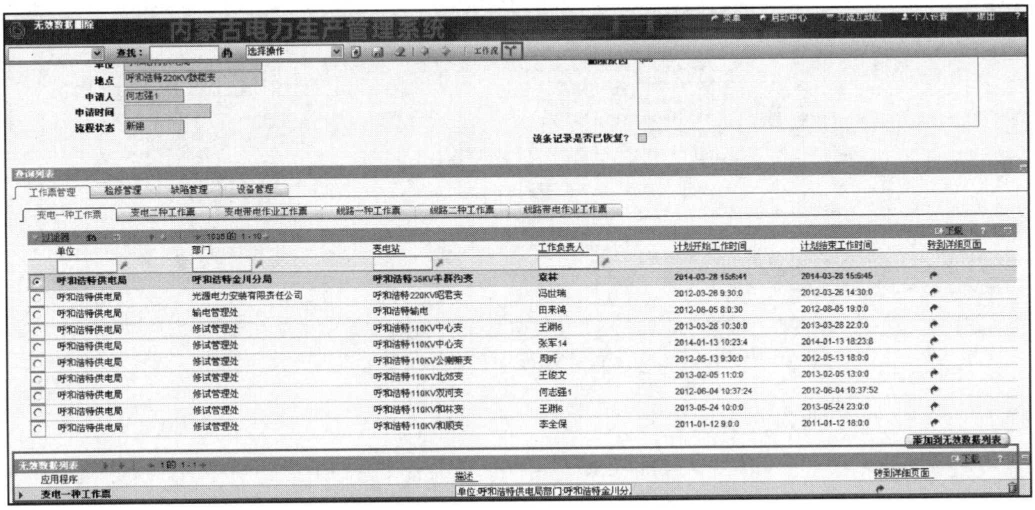

图1-2-93 "无效数据删除"的工作票显示

（5）在工具栏的"选择操作"中的"工作流－查看工作流任务分配"中可以看到处理任务的工区人员。"选择操作"位置显示如图1-2-94所示。

（6）工区人员登录后，在收件箱中可以看到处理无效数据的任务。无效数据的任务显示如图1-2-95所示。

（7）点击任务进入页面后，再点击工具栏中的"发送工作流"按钮，可以发往"发送工作流到生技处审核环节"或是"退回当前申请至申请人处进行修改"，如果是

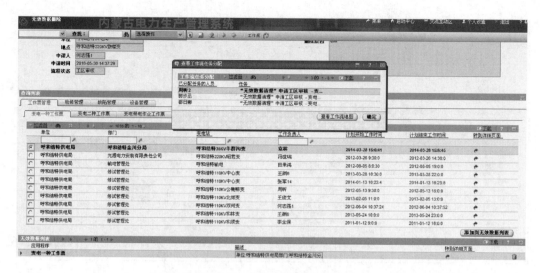

图1-2-94　"选择操作"位置显示

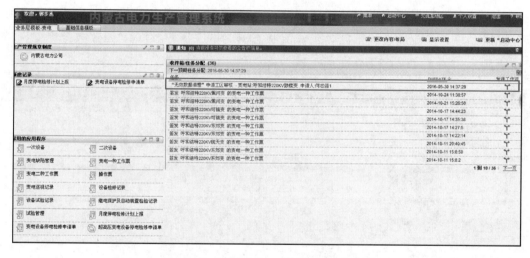

图1-2-95　无效数据的任务显示

选择发往生技处，那么流程就发送到生技人员处理，流程状态变为"生技处审核"。查看生技处的处理人员，同样点击选择操作中的"工作流－查看工作流任务分配"进行查看。

（8）生技处人员登录后，在收件箱中可以看到处理无效数据的任务。无效数据的任务显示如图1-2-95所示。

（9）点击任务进入页面后，再点击工具栏中的"发送工作流"按钮，可以选择"删除数据，并关闭工作流"或是"退发工作流到工区重新进行审核"，如果是选择"删除数据，并关闭工作流"，那么被选中的那条数据就删除了，流程状态变为"关闭"。

第三章

状态检修

第一节　设备状态动态评价

一、设备状态动态评价概述

1. 动态评价类型

动态评价类型包括：新设备首次评价、运行动态评价、缺陷评价、不良工况评价、检修评价、特殊时期专项评价。

（1）新设备首次评价 <mark>◉ 新设备首次评价</mark>。指基建、技改、大修设备投运后，综合设备出厂试验、安装信息、交接试验信息以及带点检测、在线监测数据，对设备进行的评价，由检修工区进行评价。

（2）运行动态评价 <mark>◉ 运行动态评价</mark>。指设备运行期间，关键运行参数或指标超标，但尚未达到缺陷标准，综合设备状态量变化情况及设备其他信息对设备进行的评价，由运行工区进行评价。

（3）缺陷评价 <mark>◉ 缺陷评价</mark>。包括运行缺陷评价和家族性缺陷评价。运行缺陷评价指发现运行设备缺陷后，根据设备相关状态量的改变，结合带电检测和在线监测数据对设备进行的评价；家族性缺陷评价指上级发布家族性信息后，对所辖范围内存在家族性缺陷的设备进行的评价。缺陷评价由运行工区、检修工区分别进行评价。

（4）不良工况评价 <mark>◉ 不良工况评价</mark>。指设备经受高温、雷电、冰冻、洪涝等自然灾害、外力破坏等环境影响以及超温、过负荷、外部短路等工况后，对设备进行的评价，由运行工区进行评价。

（5）检修评价 <mark>◉ 检修评价</mark>。指设备经检修试验后，根据设备检修及试验获取的状态量对设备进行的评价，由检修工区进行评价。

（6）特殊时期专项评价 <mark>◉ 特殊时期专项评价</mark>。指各种重大保电活动、电网迎峰度夏

（冬）前对设备进行的评价，由检修工区进行评价。

2. 动态评价流程

设备动态评价涉及三个流程，班组初评、工区审核和供电单位审批，这三种流程都是以部门会签的模式进行发送工作流，即部门中的一个人发送工作流后，这个部门中的其他人就不需要再发送工作流了。

工作流首先由系统后台自动生成任务，根据三级权限的配置分发到班组，再由班组人员初评后，以部门会签的模式发送到工区，工区人员审核后也以部门会签的模式发送到供电单位，最后由供电单位的人员也以部门会签的模式审批后结束流。动态评价为供电单位生产管理内部流程。

任意组合条件查询设备数据对其进行单个或批量评价，评价设备动态评价是根据使用人员所选结束后将自动触发三级评价流程及生成评估任务和版本，班组人员可在"任务箱/任务分配"中查看，开始班组初评工作。评估任务是当前已评价设备以任务流的形式发送到班组人员进行初评。所谓班组初评即是参照系统评价结论给出班组意见。若不同意系统评价结论则填写专家结论、检修策略、检修分类，反之，不修改系统评价结论。

3. 评价结果

动态评价结果为评估报告，包括初评报告、专业报告、综合报告、设备评估报告。

二、变电设备动态评价任务配置

选定一种动态评价类型，根据所属单位、变电站、电压等级、设备类型等查询条件筛选数据，如果不需要评价查询出的某个设备，可选中后进行"移除" ⊗移除 。点击"开始评价" ▶开始评价 按钮即可进行评价，评价后的设备不体现在此页面上。变电动态评价任务配置界面如图 1-3-1 所示。

注意：本页面需要注意的就是参与评价的设备不用全部选中即可进行评价，前面的"选中框"是为了移除。

参与动态评价的设备在进行评价后，生成一个任务并分发给指定的各个班组人员，各班组人员登录到生产 MIS，会在主界面的任务收件箱里看到任务（或点击"菜单→状态检修→设备动态评价→变电设备动态评价"）中找到生成的任务，点击进入后填写意见，发送工作流三级评价流程。各班组人员在自己的收件箱/任务分配中收到的动态评价，如图 1-3-2 所示。

三、输电线路动态评价任务配置

选定一种动态评价类型，根据所属单位、输电线路、电压等级等查询条件进行数据筛选，如果筛选出的线路不想参与评价，可以选中 ☑ 复选框进行移除。点击"开

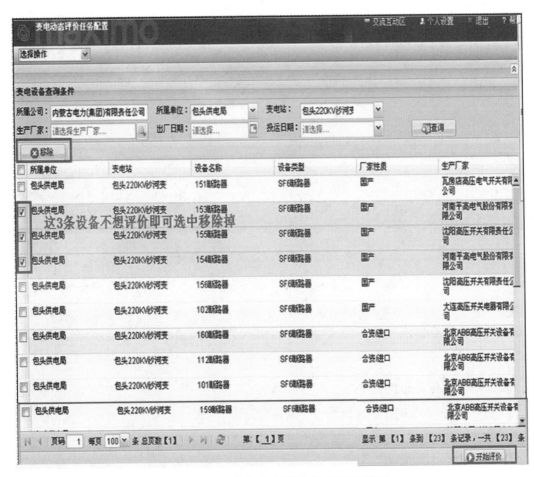

图 1-3-1　变电动态评价任务配置界面

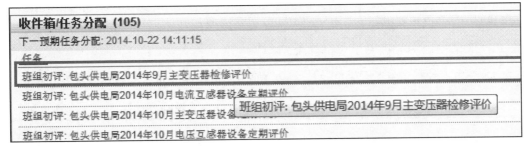

图 1-3-2　收件箱/任务分配中收到的动态评价

始评价"　▶开始评价　按钮对已勾选的待评价线路进行批量评价，评价后的线路不显示在此页面上。输电线路动态评价界面如图 1-3-3 所示。

注意：本页面需要注意的就是参与评价的线路不用全部选中即可进行评价，前面的"选中框"是为了移除。

参与评价的线路开始评价后，是生成三级评价流程任务，并分发给指定的各个班

图 1-3-3 输电线路动态评价界面

组人员，各班组人员登录到系统，会在主界面的任务收件箱里看到具体任务（或"菜单→状态检修→设备动态评价→输电线路动态评价"）中找到生成的任务，点击进入后填写意见，发送工作流三级评价流程。各班组人员在自己的收件箱/任务分配中收到的动态评价，如图 1-3-2 所示。

四、变电设备动态评价

1. 变电设备动态评价功能说明

（1）班组初评▦（变电）。班组使用人员参考系统评价结论，填写班组初评意见。

（2）工区审核▦（变电）。工区使用人员参考班组初评意见，填写工区审核意见。

（3）工区初评报告▦（变电）。工区使用人员编制设备状态检修初评报告。

（4）供电单位审批▦（变电）。供电单位生技处使用人员参考工区审核意见，修改专家评估结论，填写供电单位审批意见。

（5）变电专业报告▦。供电单位生技处使用人员编制设备状态检修变电专业报告。

（6）综合报告▦（变电）。供电单位生技处使用人员编制设备状态检修综合报告。

（7）三级评价流程▦。班组初评（部门会签）〈一〉工区审核（部门会签）〈一〉供电单位审批（部门会签）。

2. 变电设备动态评价操作流程

（1）班组初评▦（变电）。班组使用人员在收件箱/任务分配中点击任务描述为"待班组审核：×××供电局某年某月一次设备动态评估"，点击页面上方的"班组初评"▦按钮，在弹出框中点击一条记录右击选择"增加修改意见"，填写班组初评意见并确定。变电设备动态评价中的班组初评界面如图 1-3-4 所示。

图1-3-4 变电设备动态评价中的班组初评界面

右击选择"显示详细信息",选择"评价信息",输出报表,班组初评中的评价信息界面如图1-3-5所示。

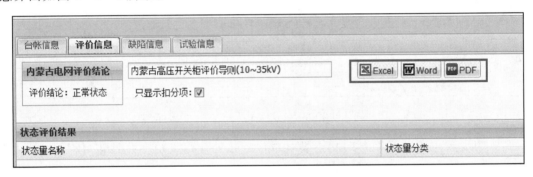

图1-3-5 班组初评中的评价信息界面

(2)工区审核▦(变电)。工区使用人员在收件箱/任务分配中点击任务描述为"待工区审核:＊＊＊供电局某年某月一次设备动态评估",点击页面上方的"工区审核"▦按钮,在弹出框中点击一条记录右击选择"增加修改意见",填写工区审核意见并确定。变电设备动态评价中的工区审核界面如图1-3-6所示。

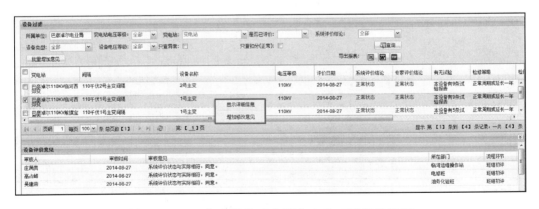

图1-3-6 变电设备动态评价中的工区审核界面

(3)工区初评报告▦(变电)。点击页面上方的"工区初评报告"▦按钮,编辑工区初评报告。使用人员可保存、删除、输出工区初评报告。当初评报告编制完成，一定要保存报告。变电设备动态评价中的工区初评报告如图1-3-7所示。

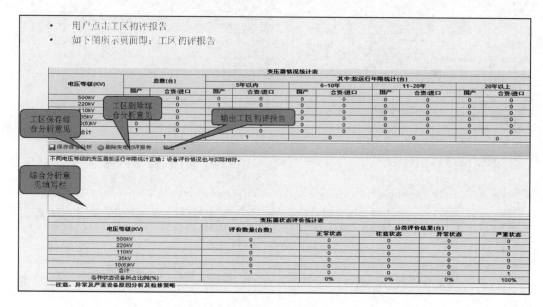

图1-3-7 变电设备动态评价中的工区初评报告

（4）供电单位审批（变电）。供电单位生技处使用人员在收件箱/任务分配中点击任务描述为"待局审核：＊＊＊供电局某年某月一次设备动态评估"，点击页面上方的"供电单位审批"按钮，在弹出框中点击一条记录右击选择"增加修改意见"，填写供电单位审批意见并确定。变电设备动态评价中的供电单位审批界面如图1-3-8所示。

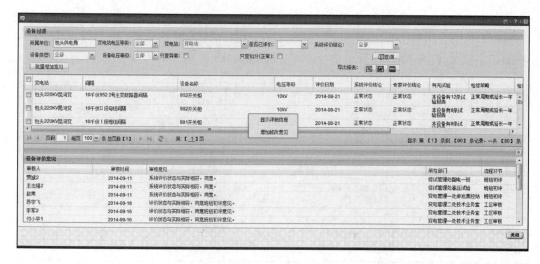

图1-3-8 变电设备动态评价中的供电单位审批界面

（5）变电专业报告。供电单位生技处使用人员点击页面上方的"变电专业报告"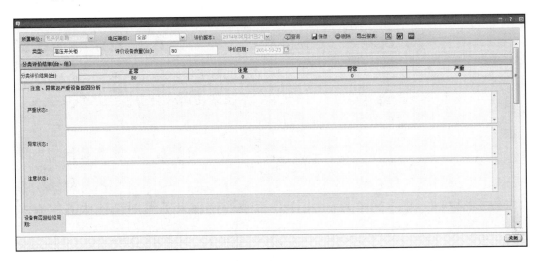按钮，编制变电专业报告。使用人员可保存、删除、输出变电专业报告。在专业报告编制完成以后，一定要保存报告。变电设备动态评价中的变电专业报告如图1-3-9所示。

图1-3-9 变电设备动态评价中的变电专业报告

（6）综合报告（变电）。供电单位生技处使用人员点击页面上方的"综合报告"按钮，编制综合报告。使用人员可查询、保存、删除、输出各类综合报告。在综合报告编制完成以后，一定要保存报告。变电设备动态评价中的综合报告如图1-3-10所示。

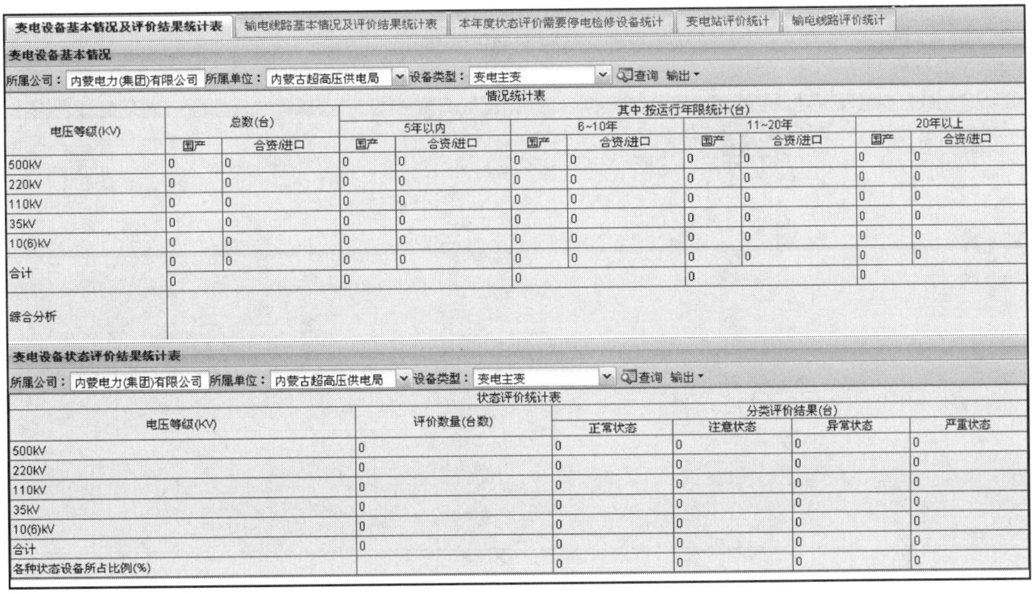

图1-3-10 变电设备动态评价中的综合报告

五、输电线路动态评价

1. 输电线路动态评价功能说明

（1）班组初评 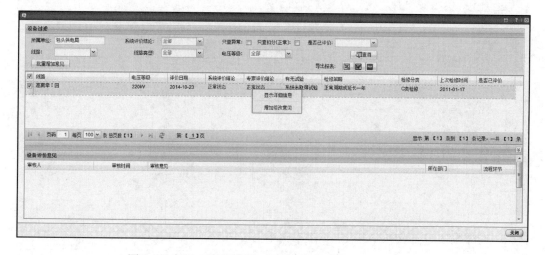（输电）。班组使用人员参考系统评价结论，填写班组初评意见。

（2）工区审核 （输电）。工区使用人员参考班组初评意见，填写工区审核意见。

（3）工区初评报告 （输电）。工区使用人员编制设备状态检修初评报告。

（4）供电单位审批 （输电）。供电单位生技处使用人员参考工区审核意见，修改专家评估结论，填写供电单位审批意见。

（5）输电专业报告 。供电单位生技处使用人员编制设备状态检修输电专业报告。

（6）综合报告 （输电）。供电单位生技处使用人员编制设备状态检修综合报告。

（7）三级评价流程 。班组初评（部门会签）〈一〉工区审核（部门会签）〈一〉供电单位审批（部门会签）。

2. 输电线路动态评价操作流程

（1）班组初评 （输电）。班组使用人员在收件箱/任务分配中点击任务描述为"待班组审核：＊＊＊供电局某年某月输电线路动态评估"，点击页面上方的"班组初评" 按钮，在弹出框中点击一条记录右击选择"增加修改意见"，填写班组初评意见并确定。输电线路动态评价中的班组初评界面如图 1-3-11 所示。

图 1-3-11　输电线路动态评价中的班组初评界面

右击选择"显示详细信息"，弹出新窗口，选择"评价信息"，输出报表。班组初评中的评价信息界面如图1-3-12所示。

图1-3-12　班组初评中的评价信息界面

（2）工区审核■（输电）。工区使用人员在收件箱/任务分配中点击任务描述为"待工区审核：＊＊＊供电局某年某月输电线路动态评估"，点击页面上方的"工区审核"按钮，在弹出框中点击一条记录右击选择"增加修改意见"，填写工区审核意见并确定。输电线路动态评价工区审核中的设备审核意见如图1-3-13所示。

图1-3-13　输电线路动态评价工区审核中的设备审核意见

（3）工区初评报告■（输电）。点击页面上方的"工区初评报告"按钮，编制工区初评报告。使用人员可保存、删除、输出工区初评报告。在初评报告编制完成以后，一定要保存报告。输电线路动态评价中的工区初评报告如图1-3-14所示。

（4）供电单位审批■（输电）。供电单位生技处使用人员在收件箱/任务分配中点击任务描述为"待局审核：＊＊＊供电局某年某月输电线路动态评估"，点击页面上方

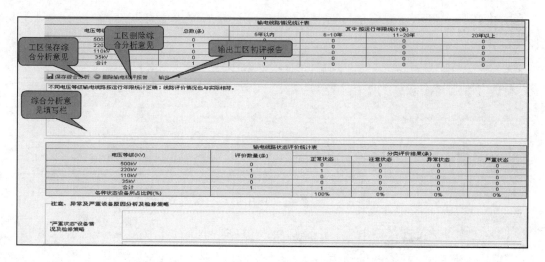

图1-3-14 输电线路动态评价中的工区初评报告

的"供电单位审批"按钮,在弹出框中点击一条记录右击选择"增加修改意见",填写供电单位审批意见并确定。输电线路动态评价供电单位审批中的设备审核意见如图1-3-15所示。

图1-3-15 输电线路动态评价供电单位审批中的设备审核意见

(5)输电专业报告 。供电单位生技处使用人员点击页面上方的"输电专业报告"按钮,编制输电专业报告。使用人员可保存、删除、输出变电专业报告。在专业报告编制完成以后,一定要保存报告。输电线路动态评价中的输电专业报告如图1-3-16所示。

(6)综合报告(输电) 。供电单位生技处使用人员点击页面上方的"综合报告"按钮,编制综合报告。使用人员可查询、保存、删除、输出各类综合报告。在综合报告编制完成以后,一定要保存报告。输电线路动态评价中的综合报告如图1-3-17所示。

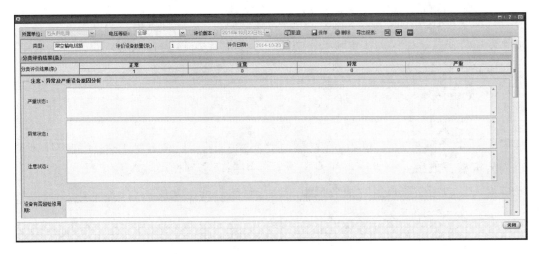

图 1-3-16　输电线路动态评价中的输电专业报告

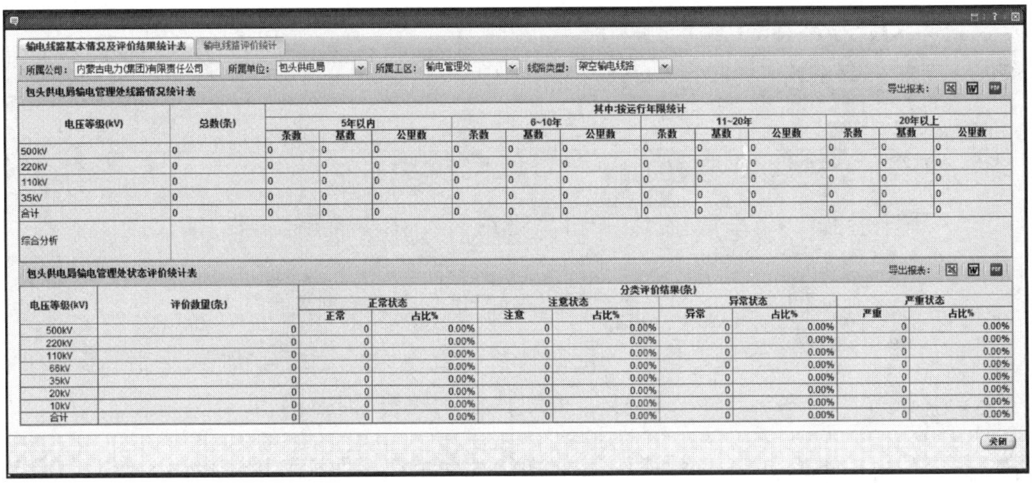

图 1-3-17　输电线路动态评价中的综合报告

第二节　设 备 状 态 定 期 评 价

一、变电设备定期评价

定期评价是指每年为制订下年度电网设备状态检修计划或全面掌握春检预试后设备状况，集中组织开展的设备状态评价、风险评估和检修决策工作。定期评价每年不少于一次，由检修工区进行评价。

变电设备的定期任务由后台系统自动生成后，直接分发到由三级权限设置的班组人员。设备动态评价涉及三个流程，即班组初评、工区审核和供电单位审批。首先由系统后台自动生成任务，根据三级权限的配置分发到班组，再由班组人员初评后，以会签的模式发送到工区，工区人员审核后也以会签的模式发送到供电单位，最后由供电单位的人员审批后结束流程。

（一）班组初评

1. 工作说明

生产 MIS 系统自动生成的任务根据三级权限的配置自动发送到指定的班组人员，班组人员审核完成后，形成班组初评报告，使用部门会签的模式发往工区。

班组人员包括高压班组、油务班组、检修班组、变电站的人员。

2. 班组初评操作流程

（1）班组人员登录生产 MIS 后，在启动中心的"收件箱/任务分配"中可以看到需要该人员处理的任务，收件箱/任务分配里收到的定期评价任务如图 1-3-18 所示。

收件箱/任务分配 (58)

下一预期任务分配: 2012-11-11 11:21:43

任务

待班组审核: 包头供电局2012年11月避雷器设备评估

待班组审核: 包头供电局2012年11月隔离开关和接地开关设备评估

图 1-3-18 收件箱/任务分配里收到的定期评价任务

也可以点击"菜单→状态检修→定期评价→变电设备定期评价"，点击需要处理的任务后，进入定期评价页面，变电设备定期评价主界面如图 1-3-19 所示。

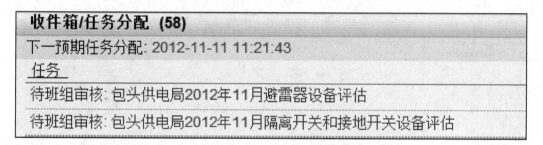

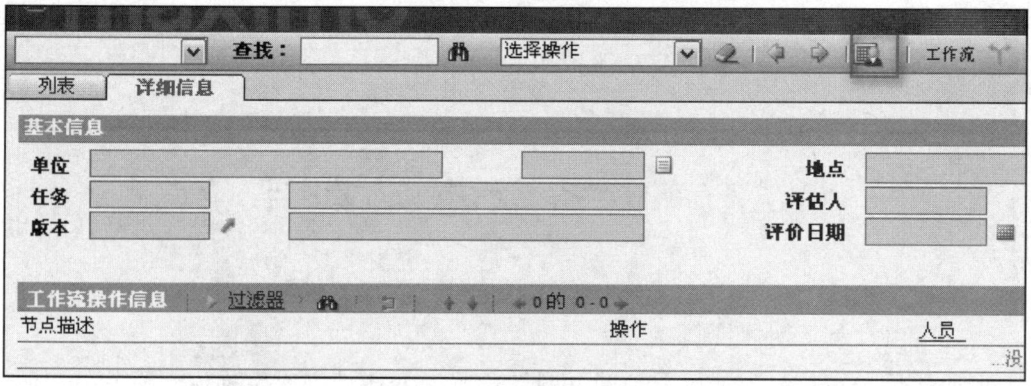

图 1-3-19 变电设备定期评价主界面

（2）点击"班组初评"![按钮图标]按钮，进入班组初评页面，变电设备定期评价中的班组初评界面如图 1-3-20 所示。

在该页面中，可以选择各种条件对设备进行过滤，如选择超高压 500kV 永圣域变

图 1-3-20　变电设备定期评价中的班组初评界面

的电压等级为"500kV"的主变,"变电站电压等级"选择"500kV","变电站"选择"500kV 永圣域变",设备电压等级选择"500kV",再点击查询按钮"查询"就可以了。

其中的"是否已评价"是指查找班组是否增加了修改意见的设备;"内蒙古电网设备状态"是指查找设备状态为"严重、注意、异常、正常"的设备;"只查异常"是指查找设备状态为"注意、异常、严重"的设备;只查"扣分(正常)"是指查找设备状态是正常的,但进行了扣分的设备。

注意:在信息页面中的"有无试验"一列,统计的是该设备在试验管模块录入的试验数据,而且该试验选的模板必须是最新下发的"内蒙古电力公司一次设备统一试验报告模板编号及录入说明"里的模板,如果试验选的不在这个范围内,则不进行统计。

(3)右键点击某个设备,可以"显示详细信息"或"增加修改意见",点击"显示详细信息",进入设备的详细信息页面。

1)"台账信息"页面中,显示的是该设备录入的台账信息和相关的技术参数,以及该设备往年评价的状态和现在评价状态的变化图,班组初评中的台账信息页面如图 1-3-21 所示。

2)"评价信息"页面中,显示的是该设备评价情况的信息以及所有的状态量,点击部件前面的"+"可以打开或合并该部件下所有的状态量,班组初评中的评价信息页面如图 1-3-22 所示。

在该页面中,点击"评价报告"按钮,可以导出 Excel、PDF、Word 三种格式的报表,点击"只显示扣分项",则只显示扣分的状态量,评价信息中的扣分的状态量如图 1-3-23 所示。

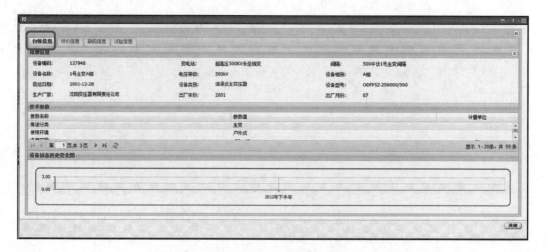

图 1-3-21　班组初评中的台账信息页面

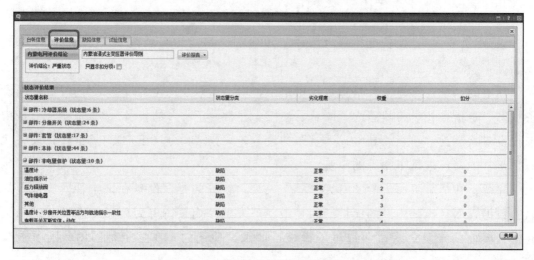

图 1-3-22　班组初评中的评价信息页面

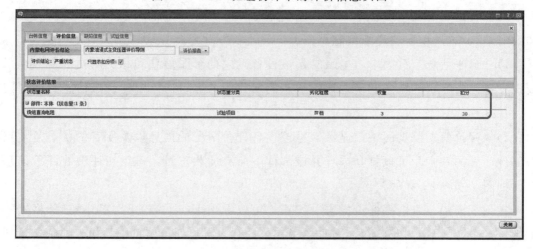

图 1-3-23　评价信息中的扣分的状态量

双击状态量名称，打开的是状态量的扣分详细信息，有试验单号、试验日期、试验数据等，点击"显示扣分规则"按钮，可以查看只有扣分的规则，评价信息中状态量的扣分详细信息如图 1-3-24 所示。

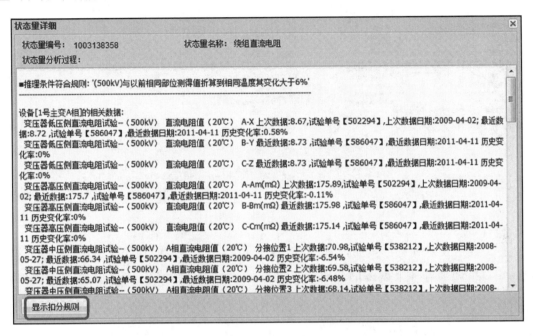

图 1-3-24　评价信息中状态量的扣分详细信息

3）"缺陷信息"页面中，显示的是该设备的所有的缺陷信息，包括已消的缺陷和未消的缺陷，班组初评中的缺陷信息页面如图 1-3-25 所示。

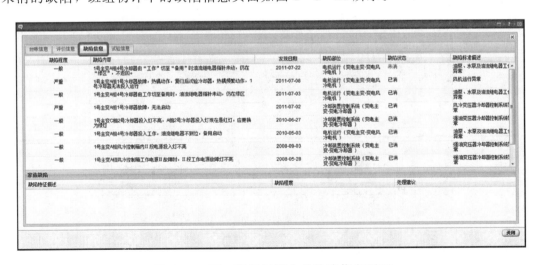

图 1-3-25　班组初评中的缺陷信息页面

4）"试验信息"页面中，可以选择"试验专业"和"试验性质"，点击试验项目，再点击试验项目下的某条子项目，则在右边试验信息栏里可以查看录入的试验数据，班组初评中的试验信息页面如图 1-3-26 所示。

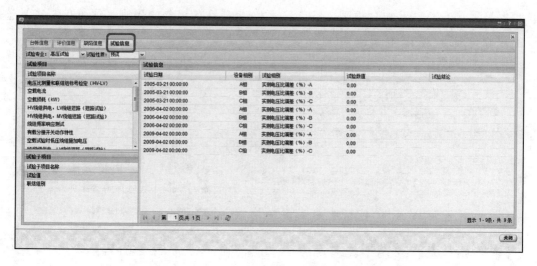

图 1-3-26 班组初评中的试验信息页面

（4）在"班组初评"页面，右键点击某个设备，点击"增加修改意见"，可以在弹出的窗口中增加对某个设备的修改意见，班组初评中的设备审核意见如图 1-3-27 所示。

图 1-3-27 班组初评中的设备审核意见

也可以都选或选中一部分设备，点击"批量增加意见"按钮后，对设备批量增加修改意见。

直接点击某个设备，可以在下方的"设备评价意见"区域查看该设备的修改意见，班组初评中的设备评价意见如图 1-3-28 所示。

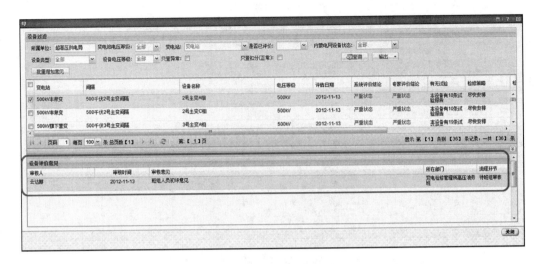

图 1-3-28　班组初评中的设备评价意见

（5）班组人员审核完成后，点击发送工作流""按钮，以部门会签的模式发送到工区，即如果班组人员配置有 10 个人，但这 10 个人只属于 5 个部门，那么按照部门会签的模式，就是只有 5 个人发送工作流即可。

（二）工区审核

1. 工作内容

工区人员包括运行工区、检修工区的人员。

在工区审核环节有工区初评报告和工区审核，工区人员或人员组收到班组发送的任务并且审核完成后，通过部门会签的模式发送工作流。工区初评报告要求按照设备的电压等级、运行年限以及评价状态分别进行统计。

注意：变电部分只有检修工区才需要编辑工区初评报告，运行工区不需要编辑工区初评报告；输电部分每个工区和分局都需要编辑本工区的工区初评报告。

2. 工区审核操作流程

（1）工区人员登录系统后，在启动中心的收件箱/任务分配中可以看到需要该人员处理的任务；也可以点击"菜单→状态检修→定期评价→变电设备定期评价"，点击需要处理的任务后，进入定期评价页面，变电设备定期评价工区人员主界面如图 1-3-29 所示。

（2）点击工具栏的"工区初评报告" ，可以查看某类设备的 "*** 情况统计表"和 "*** 状态评价统计表"，变电设备定期评价中的工区初评报告如图 1-3-30 所示。

在 "*** 情况统计表"中，显示的是某类设备分别按照电压等级、厂家性质以及运行年限进行的统计，下方的输入框，输入相关的综合分析后，点击 " 保存综合

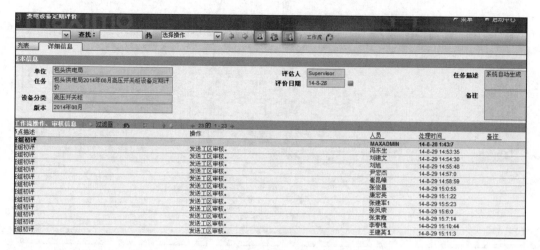

图 1-3-29 变电设备定期评价工区人员主界面

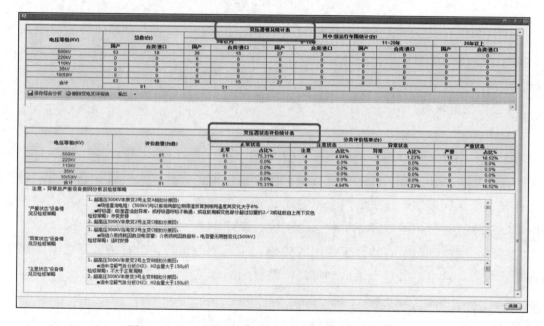

图 1-3-30 变电设备定期评价中的工区初评报告

分析"按钮后，再点击"输出" 输出 按钮，可以输出工区初评报告的报表。如果不需要的话，也可以点击"删除变电初评报告" ⊖ 按钮进行删除。

注意：必须点击"保存综合分析"按钮后，发送流程后，供电单位的人员才可以看到该项统计表的数据。

在"***状态评价统计表"中，显示的是某类设备按照电压等级以及评价状态进行的统计，在该表的下方，分别列出"注意、异常及严重设备原因分析及检修策略"。

（3）点击工具栏中的"工区审核" ▦ 按钮，进入工区审核页面，具体操作参照"班组初评"。和班初评不同的是，工区的人看到的数据是工区管辖的某类设备，而班组看到的数据是根据三级权限配置的某些变电站的数据，而且工区的人可以对某个设备增加修改意见，也可以看到班组人员增加的修改意见。变电设备定期评价中的工区审核界面如图1-3-31所示。

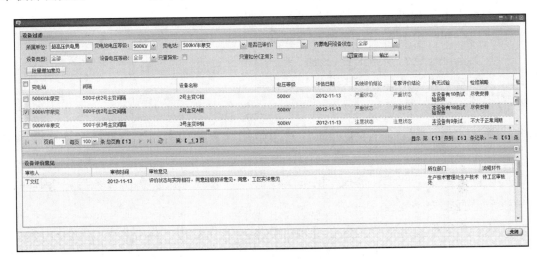

图1-3-31 变电设备定期评价中的工区审核界面

（4）班组人员审核完成后，点击发送工作流" ↻ "按钮，可以选择发送供电单位，也可以选择回退到班组重新审核，工区审核中的完成工作流任务分配界面如图1-3-32所示。

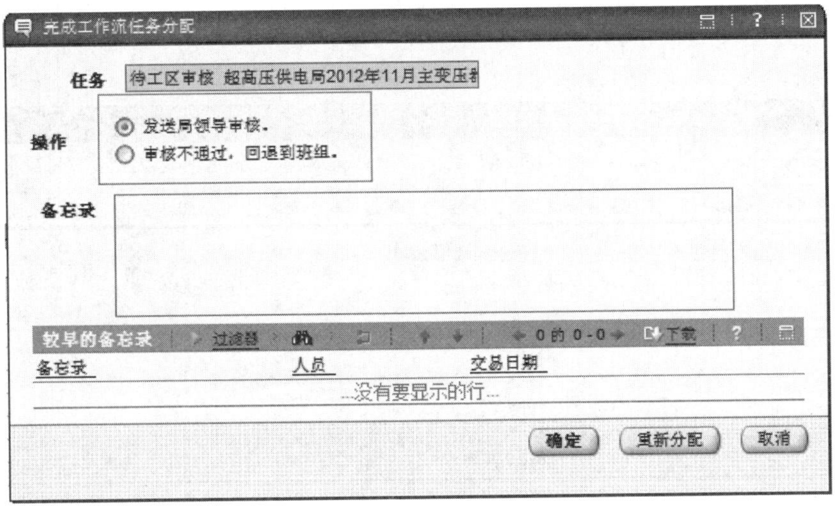

图1-3-32 工区审核中的完成工作流任务分配界面

工区人员以部门会签的模式发送到供电单位生产管理处，即如果工区人员中配置有 10 个人，但这 10 个人只属于 5 个部门，那么按照部门会签的模式，就是只有 5 个人发送工作流即可。

（三）供电单位审核

1. 工作说明

供电单位生产管理人员包括负责状态检修的专工。

在供电单位环节有变电（输电）专业报告、综合报告、供电单位生产管理审批。

（1）变电（输电）专业报告。统计某一类型设备的状态情况，并显示异常（注意、异常以及严重）设备的扣分原因和检修建议等。

（2）综合报告。包括变电设备基本情况及评价结果统计表、输电线路基本情况及评价结果统计表、本年度状态评价需要停电检修设备统计表、变电站评价统计以及输电线路评价统计。

（3）供电单位生产管理审批。供电单位的人员收到工区发送的任务后，由其中一人审批后，直接关闭流程。

注意：如果报告中有"保存"按钮，那么必须先点击"保存"后才能导出报表，否则导出的报表是空的，没有数据；而且该报告必须保存后才能在"评估报告查询"的相关模块里找到。

2. 操作流程

（1）供电单位人员登录系统后，在启动中心的收件箱/任务分配中可以看到需要该人员处理的任务，也可以直接转到状态检修→定期评价→变电设备定期评价，点击需要处理的任务后，进入定期评价页面，供电单位生产管理变电设备定期评价主界面如图 1-3-33 所示。

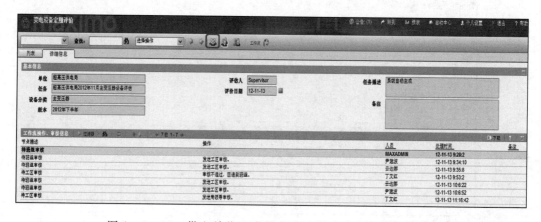

图 1-3-33　供电单位生产管理变电设备定期评价主界面

（2）点击工具栏中的"变电专业报告" 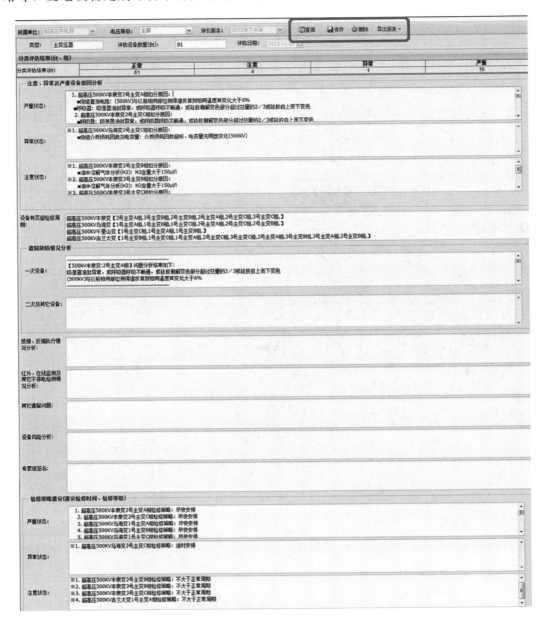 按钮，可以查看某类设备的评估结果的统计，以及注意、异常、严重设备的原因分析，遗留缺陷情况分析以及设备检修策略等，变电设备定期评价中的变电专业报告如图 1-3-34 所示。

图 1-3-34　变电设备定期评价中的变电专业报告

在"变电专业报告"中，遗留缺陷情况分析，二次及其他设备、技措、反措执行情况分析，红外、在线监测及其他不停电检测情况分析，其他遗留问题、设备风险分析，专家组签名需要手动输入，其他的内容都是系统自动带过来的，且系统自动带过来的值不可以修改。

可以选择不同的电压等级，分别对某类设备进行查询；点击"保存"按钮后，可以从"设备报告查询"模块里查询该报表，或者点击"导出报表"按钮导出该报表；如果不需要该报表的话也可以点击"删除"按钮进行删除。

（3）点击工具栏中的"综合报告" 按钮，可以查看 5 个表，分别为变电设备情况及评价结果统计表、输电线路基本情况及评价结果统计表、本年度状态评价需要停电检修设备统计表、变电站评价统计表、输电线路评价统计表，下面分别进行介绍。

1）变电设备基本情况及评价结果统计表。显示的是某个局的所有设备，分别按照电压等级、厂家性质、运行年限进行的统计，以及按照设备评价状态进行的统计，分为两个表，变电设备基本情况及评价结果统计表如图 1 - 3 - 35 所示。

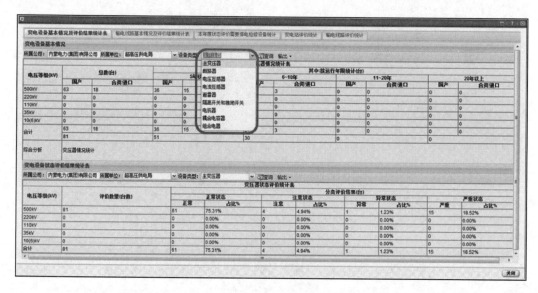

图 1 - 3 - 35　变电设备基本情况及评价结果统计表

其中点击"设备类型"后面的下拉框选项，再点击"查询"按钮，可以对某个局不同的设备类型进行统计查看；也可以点击"输出"按钮，输出相关的报表。

2）输电线路基本情况及评价结果统计表。显示的是某个局的输电线路，分别按照电压等级、运行年限进行的统计，以及按照输电线路评价状态进行的统计，分为两个表，输电线路基本情况及评价结果统计表如图 1 - 3 - 36 所示。

在该页面中，可以点击"输出"按钮，输出相关的报表。

3）本年度状态评价需要停电检修设备统计表。显示的是某个局在本年度根据设备状态评价结果，分别按照电压等级，对需要进行停电检修的设备的统计，本年度状态评价需要停电检修设备统计表如图 1 - 3 - 37 所示。

在该页面中，可以点击"输出"按钮，输出相关的报表。

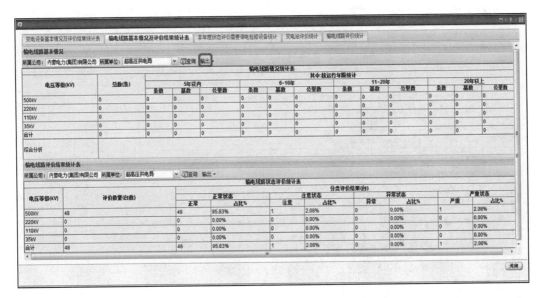

图 1-3-36 输电线路基本情况及评价结果统计表

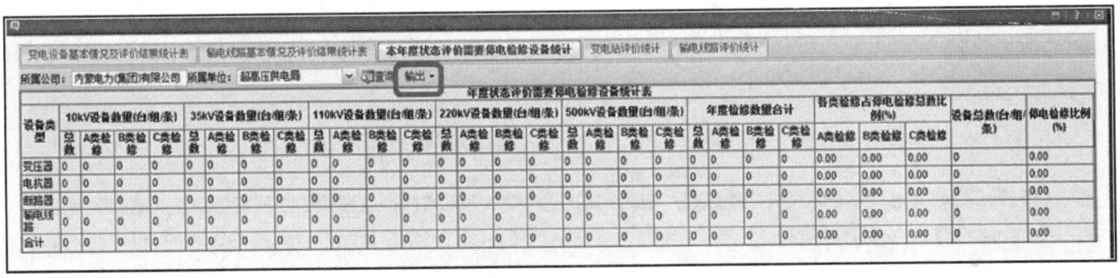

图 1-3-37 本年度状态评价需要停电检修设备统计表

4）变电站评价统计表。显示的是对某个局某个变电站状态评价结果的统计，包括该变电站注意、异常及严重状态的设备情况简述，风险评估结果，专家检修建议，根据基建、技改、停电计划、可靠性、需要正周期设备及原因说明，以及状态为注意、异常、严重设备的检修决策。变电站评价统计表如图 1-3-38 所示。

在该页面中，点击"只查异常"按钮，则在后面的选择框中显示的是有异常（包括注意、异常、严重）设备的变电站，再点击"查询"按钮，就可以对该变电站的评价情况进行查看。如果不选择"只查异常"按钮，显示的是某个局所有的变电站；点击"保存"按钮后，再点击"输出"按钮，可以输出相关报表；如果不需要该报表的话，可以点击"删除"按钮进行删除。

5）输电线路评价统计表。显示的是对某个局某条线路的状态评价结果，包括该线路的状态（注意、异常、严重）情况简述，风险评估结果，专家检修建议，根据基建、技改、停电计划、可靠性、需要正周期设备及原因说明，以及状态为注意、异常、严重线路的检修决策。输电线路评价统计表如图 1-3-39 所示。

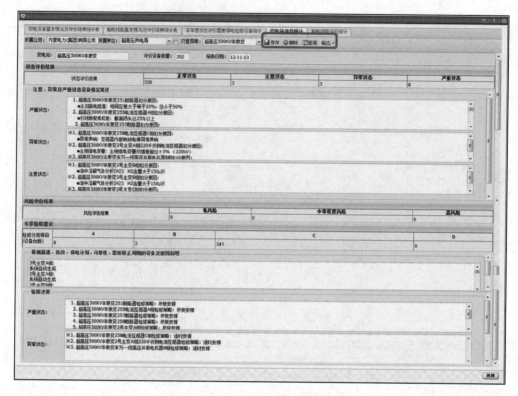

图 1-3-38 变电站评价统计表

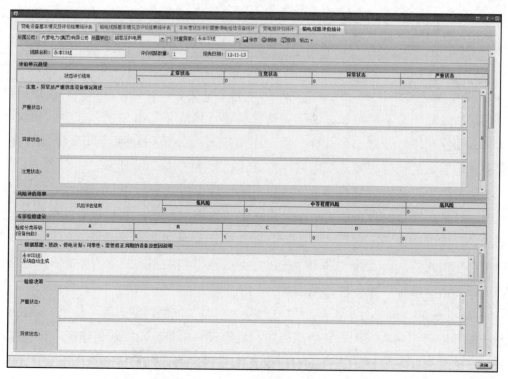

图 1-3-39 输电线路评价统计表

在该页面中，点击"只查异常"按钮，则在后面的选择框中显示的是有异常（包括注意、异常、严重）的线路，再点击"查询"按钮，就可以对该线路的评价情况进行查看。如果不选择"只查异常"按钮，刚显示的是某个局所有的输电线路；点击"保存"按钮后，再点击"输出"按钮，可以输出相关报表；如果不需要该报表的话，可以点击"删除"按钮进行删除。

（4）点击工具栏中的"供电单位生产管理审批" 按钮，进入供电单位生产管理审批页面，具体操作参照"班组初评"。

供电单位生产管理人员查看的数据是该局某种类型的所有设备，而且供电单位生产管理人员可以对某个设备增加修改意见，也可以看到班组人员和工区人员增加的修改意见，变电设备定期评价中的供电单位生产管理审批界面如图1-3-40所示。

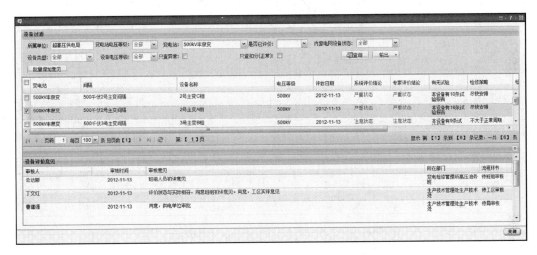

图1-3-40　变电设备定期评价中的供电单位生产管理审批界面

（5）供电单位生产管理人员审批完成后，点击工具栏中的发送工作流"  "按钮，可以选择回退到班组或回退到工区重新审核，也可以选择审核通过，关闭流程，供电单位生产管理审批后的工作流页面如图1-3-41所示。

图1-3-41　供电单位生产管理
审批后的工作流页面

供电单位生产管理人员以部门会签的模式发送工作流，即如果供电单位生产管理人员配置有10个人，但这10个人只属于5个部门，那么按照部门会签的模式，只要5个人发送工作流即可。

二、输电线路定期评价

输电线路班组人员包括运检一班、运检二班、运检三班、运检四班、运检五班等运检人员。

输电线路工区人员包括输电工区的人员。

输电线路生技部人员包括负责状态检修的专工。

输电线路定期评价和变电设备定期评价操作方法相同，具体操作参考"变电设备定期评价"。

三、根据公司复核意见修改设备评价状态

1. 工作说明

定期评价生技部人员审核完成并发送工作流后，就到了"根据公司复核意见修改设备评价状态"的环节，即供电单位人员根据电力公司下发的修改意见，修改最终各设备的状态情况。

2. 工作流程

供电复核人员登录后，在收件箱中收到任务，点击进入详细信息页面后，再点击" "根据公司复核意见修改按钮，在弹出的窗口中，如果要修改某一条设备的复核结论，双击"公司复核"下的设备状态，出现下拉框，选择正确的设备状态，相应检修策略、检修分类会自动匹配与之对应的状态，根据公司复核意见修改设备评价状态页面如图 1-3-42 所示。修改完复核意见后，再点击"发送工作流"按钮后，就可以结束工作流。

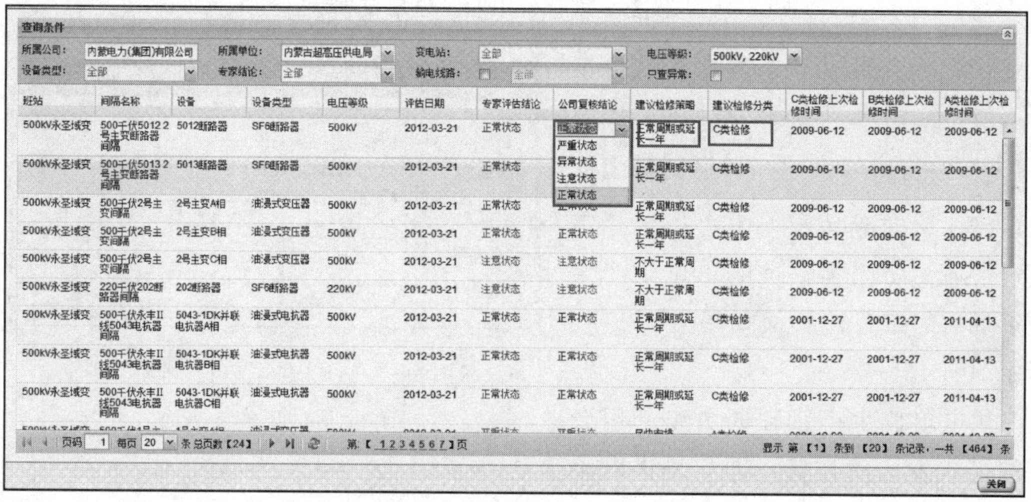

图 1-3-42 根据公司复核意见修改设备评价状态页面

第三节　设备状态触发评价

设备状态触发评价是运行人员在录入某个设备的缺陷后，由系统自动触发该设备的实时评价过程，不需要手动评价，就能够实时查看该设备的评价状态。

一、触发评价功能介绍

设备状态触发评价主要和该设备的缺陷状态（未缺陷、已消除）有关，包括3种情况：

（1）运行人员录入某个设备的新缺陷后，点击保存时，系统会自动触发该设备的实时评价过程。

（2）因为天气或其他原因，设备的缺陷自动消缺后，由运行人员进入该设备的缺陷详细信息页面，点击选择操作中的"自动消除"时，系统也会自动触发该设备的实时评价过程。

（3）由运行人员验收缺陷并发送缺陷工作流，关闭缺陷时，系统也会自动触发该设备的实时评价过程。

二、触发评价操作流程

触发评价流程如图1-3-43所示。

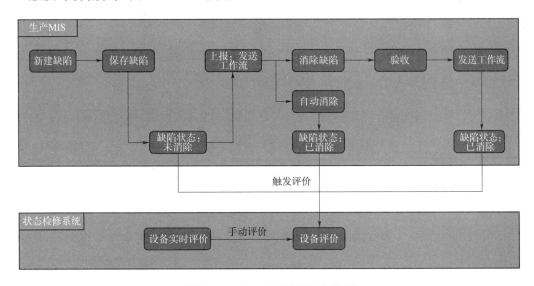

图1-3-43　触发评价流程图

（1）点击"菜单→状态检修→设备状态查询→变电设备实时评价情况"进入触发评价界面，变电设备实时评价情况主界面如图1-3-44所示。

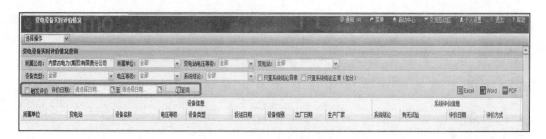

图 1－3－44 变电设备实时评价情况主界面

（2）勾选触发评价前的选项框，点击日期选择按钮，按照需求选择评价日期段，最后点击查询按钮，即可显示所需要的评价日期段的触发评价结果。如选择 2017 年 7 月 1 日至 2017 年 7 月 15 日间的触发评价情况，显示如图 1－3－45 所示。

			设备信息						系统评价信息			
所属单位	变电站	设备名称	电压等级	设备类型	投运日期	设备相别	出厂日期	生产厂家	系统结论	有无试验	评价日期	评价方式
包头供电局	包头500KV包头北变	2516隔离开关	220KV	隔离开关和接地开关	2007-12-26	三相	2007-01		正常状态	系统未取得试验报告	2017-07-12	触发评价
包头供电局	包头500KV包头北变	2566隔离开关	220KV	隔离开关和接地开关	2011-11-12	三相	2007-01		正常状态	系统未取得试验报告	2017-07-11	触发评价
包头供电局	包头500KV包头北变	2576隔离开关	220KV	隔离开关和接地开关	2008-04-24	三相	2007-01		正常状态	系统未取得试验报告	2017-07-13	触发评价
包头供电局	包头500KV包头北变	2594隔离开关	220KV	隔离开关和接地开关	2008-09-20	三相	2007-01		正常状态	系统未取得试验报告	2017-07-07	触发评价
包头供电局	包头500KV包头北变	1号站用变	35kV	油浸式站用变	2007-12-26	三相	2007-08	温州益电气有限公司	严重状态	本设备有8条试验报告	2017-07-13	触发评价
包头供电局	包头500KV包头北变	5023断路器	500KV	SF6断路器	2010-06-01	三相	2009-01	北京ABB高压开关设备有限公司	正常状态	本设备有7条试验报告	2017-07-01	触发评价
包头供电局	包头220KV鹿钢变	101GIS设备	110KV	气体绝缘金属封闭开关设备（GIS）	2011-04-12	三相	2007-09	正泰电气股份有限公司	正常状态	本设备有10条试验报告	2017-07-10	触发评价
包头供电局	包头220KV鹿钢变	110KV I 段母线GIS设备	110KV	气体绝缘金属封闭开关设备（GIS）	2011-04-12	三相	2007-09	正泰电气股份有限公司	正常状态	本设备有3条试验报告	2017-07-10	触发评价
包头供电局	包头220KV鹿钢变	110KVII 段母线GIS设备	110KV	气体绝缘金属封闭开关设备（GIS）	2011-04-12	三相	2007-09	正泰电气股份有限公司	正常状态	本设备有1条试验报告	2017-07-10	触发评价
包头供电局	包头220KV鹿钢变	151GIS设备	110KV	气体绝缘金属封闭开关设备（GIS）	2011-04-12	三相	2007-09	正泰电气股份有限公司	正常状态	本设备有16条试验报告	2017-07-10	触发评价
包头供电局	包头220KV鹿钢变	154GIS设备	110KV	气体绝缘金属封闭开关设备（GIS）	2013-08-09	三相	2007-09	正泰电气股份有限公司	正常状态	本设备有12条试验报告	2017-07-10	触发评价
包头供电局	包头220KV鹿钢变	251GIS设备	220KV	气体绝缘金属封闭开关设备（GIS）	2008-04-30	三相	2007-09		正常状态	本设备有18条试验报告	2017-07-13	触发评价
包头供电局	包头220KV鹿钢变	252GIS设备	220KV	气体绝缘金属封闭开关设备（GIS）	2008-04-30	三相	2007-09	现代重工（中国）电气有限公司	正常状态	本设备有18条试验报告	2017-07-10	触发评价
包头供电局	包头220KV鹿钢变	2号主变	220KV	油浸式主变压器	2008-04-30	三相	2007-11		正常状态	本设备有25条试验报告	2017-07-10	触发评价
包头供电局	包头110KV希园变	981开关柜	10kV	高压开关柜	2008-12-28	三相	2008-08	宁波天安集团股份有限公司	正常状态	本设备有9条试验报告	2017-07-02	触发评价

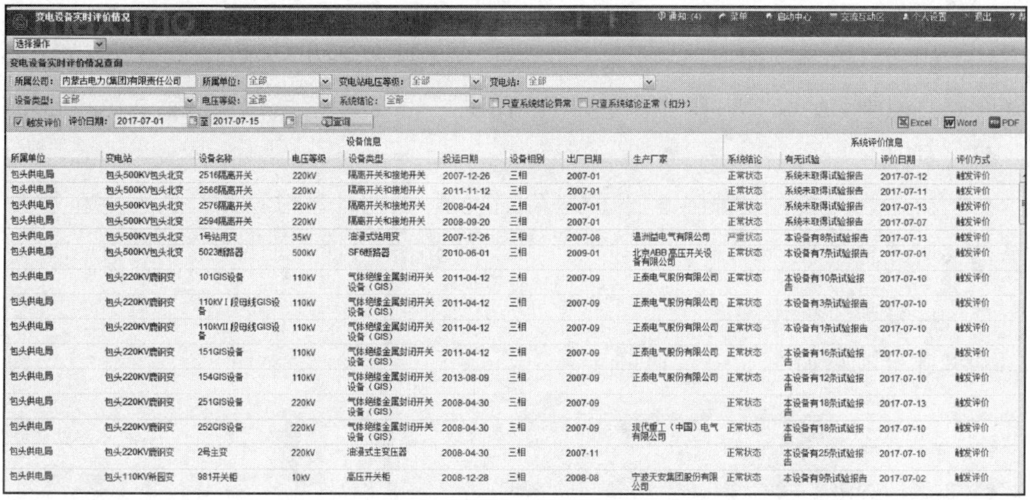

图 1－3－45 变电设备触发评价示例界面

第四节 设备状态实时评价

输变电设备状态实时评价是为随时了解在运设备健康状况的功能模块，使用人员可查看评价设备详细信息、评价分析过程。

系统评价结论分为正常状态、注意状态、异常状态、严重状态。

一、变电设备实时评价

评价设备详细信息包括台账信息（设备台账、设备状态历史信息）、评价信息（系统评价结论、各部件及其状态量扣分值和扣分原因）、缺陷信息（设备缺陷、缺陷统计信息)、试验信息(试验报告)。

1. 功能说明

(1)查询。根据所属单位、变电站电压等级、变电站、设备电压等级、出厂日期、投运日期、厂家性质、设备类型等查询条件,点击查询按钮进行筛选数据。

(2)下移 ⬇ 下移。勾选"查询结果"列表的设备(☑)并下移至"待评价设备"列表中。

(3)上移 ⬆ 上移。勾选"待评价设备"列表的设备(☑)并上移至"查询结果"列表中。

(4)开始评价 ▶开始评价。对"待评价设备"列表中已勾选的设备进行手动评价。

(5)输出 ▶输出 ▾。对"已评价设备"进行输出报表。

(6)设备评价详细信息。在"已评价设备"列表中选中某一设备点击右键查看"设备评价详细信息"。

(7)设备评价分析过程。在"已评价设备"列表中选中某一设备点击右键查看"设备评价分析过程"。

2. 操作流程

(1)点击"菜单→状态检修→设备实时评价→变电设备实时评价",进入变电设备实时评价界面。使用人员利用过滤条件,所属单位、变电站电压等级、变电站、设备电压等级、出厂日期、投运日期、厂家性质、设备类型等查询条件筛选数据,需要评价的设备进行勾选☑并点击"下移" ⬇ 下移按钮,将其添加到"待评价设备"列表中,若需要对"待评价设备"列表中的设备进行调整,可以通过"上移" ⬆ 上移按钮进行控制。

(2)点击"开始评价" ▶开始评价按钮对已勾选的待评价设备进行批量评价,评价完成的数据会显示在已评价设备的显示框中。

(3)点击"输出" ▶输出 ▾按钮对"已评价设备"进行输出报表。选择已评价的设备,右击选择"设备评价详细信息",弹出新窗口,此窗口显示有台账信息、部件评价结果、状态评价结果(其在状态量名称下面点击左键"部件" ⊞部件:,能看到状态评价结果的详细情况)等详细信息,选择"评价报告",输出报表。选择"设备评价分析过程"可以查看评价的扣分规则。变电设备实时评价步骤显示界面如图1-3-46所示。

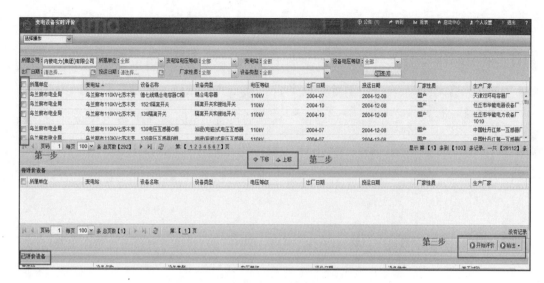

图1-3-46　变电设备实时评价步骤显示界面

二、输电线路实时评价

评价设备详细信息包括台账信息（线路台账、设备状态历史信息）、评价信息（系统评价结论、各部件及其状态量扣分值和扣分原因）、缺陷信息（线路缺陷、缺陷统计信息）。

1. 功能说明

（1）查询。根据所属单位、设备类型、电压等级、输电线路等查询条件筛选数据。

（2）下移 ⬇下移 。勾选"查询结果"列表的线路（☑）并下移至"待评价线路"列表中。

（3）上移 ⬆上移 。勾选"待评价线路"列表的线路（☑）并上移至"查询结果"列表中。

（4）开始评价 ▶开始评价 。对"待评价线路"列表中已勾选的线路进行手动评价。

（5）输出 ▶输出▾ 。对"已评价设备"进行输出报表。

（6）设备评价详细信息。在"已评价线路"列表中选中某一线路右键点击查看"设备评价详细信息"。

（7）设备评价分析过程。在"已评价线路"列表中选中某一线路右键点击查看"设备评价分析过程"。

2. 操作流程

（1）点击"菜单→状态检修→设备实时评价→输电设备实时评价"，进入图1-3-47

所示界面。使用人员过滤条件，所属单位、设备类型、电压等级、输电线路等查询条件进行数据筛选，对需评价线路进行勾选并点击"下移" ⬇下移 按钮，将其添加到"待评价线路"列表中，若需调整"待评价线路"可通过"上移" ⬆上移 按钮进行控制。

（2）点击"开始评价" ▶开始评价 按钮对已勾选的待评价线路进行批量评价，评价完成后线路评价结果显示在"已评价线路"列表当中。

（3）点击"输出" ▶输出 ▾ 按钮对对"已评价线路"进行输出报表。选择已评价的线路，右击选择"设备评价详细信息"，弹出新窗口，此窗口显示有台账信息、部件评价结果、状态评价结果（其在状态量名称下面点击左键"部件" ⊞部件：，能看到状态评价结果的详细情况）等详细信息，选择"评价报告""基础""杆塔""导地线""绝缘子串""金具""接地装置""附属设施""通道环境"都可输出相应报表。选择"设备评价分析过程"可以查看评价的扣分规则。输电设备实时评价步骤显示界面如图1-3-47所示。

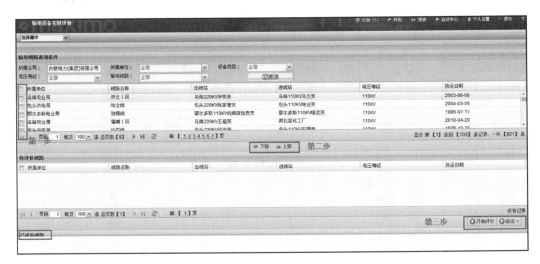

图 1-3-47 输电设备实时评价步骤显示界面

第五节 检修计划编制

一、设备固有周期

设备固有周期由设备分类、检修分类、周期（以月为单位）组成，设备固有周期维护主界面如图1-3-48所示。

图1-3-48 设备固有周期维护主界面

（1）新增。点击"#"按钮，增加一条设备固有周期配置记录，在"设备固有周期定义"详细页面，填写设备分类、检修分类、周期等信息后，点击保存"📁"按钮即可。

（2）删除。点击选择操作中的删除人员组，删除该设备固有周期维护记录。

（3）修改。在列表中找到要修改的记录后，点击进入修改该设备固有周期维护记录中的设备分类、检修分类或周期。

二、设备检修费用

检修费用由设备分类、检修分类、停电天数、费用（以万元为单位）组成，设备检修费用维护主界面如图1-3-49所示。

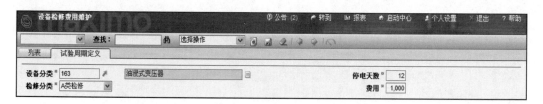

图1-3-49 设备检修费用维护主界面

（1）新增。点击"#"按钮，增加一条设备检修费用维护记录，在"设备检修费用定义"详细页面，填写设备分类、检修分类、停电天数、费用等信息后，点击保存"📁"按钮即可。

（2）删除。点击选择操作中的删除人员组，删除该设备检修费用维护记录。

（3）修改。在列表中找到要修改的记录后，点击进入修改该设备检修费用维护记录中的设备分类、检修分类、停电天数或费用。

三、状态检修计划人员组

检修计划人员组由供电单位工区人员、供电单位生技处人员、公司生技处人员组成。其中：供电单位输变电工区检修计划编制→供电单位工区人员；供电单位生技处编制→供电单位生技处人员；公司生技处汇总平衡→公司生技处人员。

（1）新增。点击"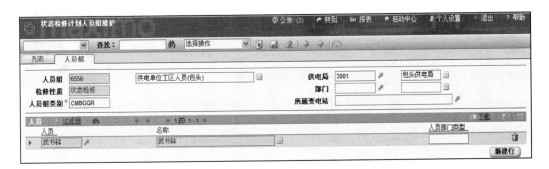"按钮，增加一条状态检修计划人员组维护记录，在"状态检修计划人员组定义"详细页面，填写供电单位等信息后，保存即可。再点击页面下方"**新建行**"按钮，添加相关人员。状态检修计划人员组维护主界面如图 1-3-50 所示。

图 1-3-50　状态检修计划人员组维护主界面

（2）删除。点击选择操作中的删除人员组，删除该状态检修计划人员组维护记录。

（3）修改。在列表中找到要修改的记录后，点击进入修改该状态检修计划人员组维护记录中的供电单位或人员等信息。

四、变电设备状态检修计划编制

1. 工作说明

设备检修计划是经供电单位根据公司复核意见修改后系统自动生成，具体流程如下：（变电和输电）工区检修计划编制→供电单位生技处编制→公司生技处汇总平衡。

（变电和输电）工区检修计划编制生成五年滚动计划和停电检修计划。五年滚动计划数据生成规则是对"设备填写最终确定检修日期"进行生成，停电检修计划数据生成规则是对"设备填写了最终确定检修日期且最终确定检修日期是本年度下一年的"进行生成。

检修计划编制主要是使用人员根据系统建议检修时间，填写"最终确定检修日期"，大于 1 年时，如本年是 2012 年，那"最终确定检修日期"写 2013 年＊＊月。生成的数据体现在"变电设备停电检修计划"中，大于 2 年的如写成大于或等于 2014 年＊＊月，生成的数据在五年滚动计划当中体现。

2. 操作流程

（1）变电设备状态检修计划编制人员会在收件箱中收到任务，点击进入详细信息页面，变电设备状态检修计划编制主界面如图 1-3-51 所示。

（2）修改"最终确定检修日期"后，点击"保存"按钮：可以保存修改记录的最新信息。

（3）点击页面上方"⏱"按钮，生成五年状态检修滚动计划与停电检修计划。

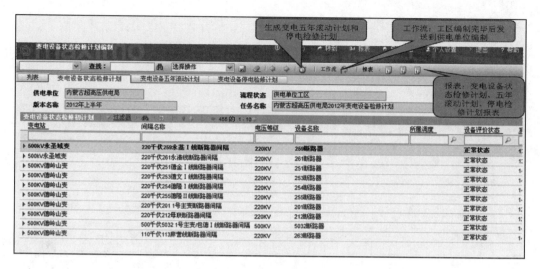

图 1-3-51 变电设备状态检修计划编制主界面

（4）点击 报表，选择输出各种格式的报表，如输出"变电设备状态检修计划""变电设备状态检修计划五年滚动计划""变电设备停电检修计划"报表。

（5）发送工作流 。当工区将变电设备状态检修计划、输电设备状态检修计划都编制完毕且发送工作流后，供电单位才能收到工区上报的供电单位设备状态检修计划。

注意：只有生成五年滚动计划和停电检修计划后才能发送工作流。

五、输电线路状态检修计划编制

请参照变电设备状态检修计划编制。

六、供电单位状态检修计划编制

1. 工作内容

供电单位生技处编制的是本单位输变电设备的停电检修计划。以本单位设备为依托，对本单位输变电设备进行数据合并。数据合并规则为：若线路及其前末端断路器存在关联关系则系统自动合并成一条记录；反之，不合并且单条显示。

在"设备年度停电申请计划"中，供电单位人员可以对已经生成的停电检修计划内容进行编制，也可以点击"新建"按钮，新建停电检修计划内容。

2. 操作流程

（1）供电单位状态检修计划编制人员会在收件箱中收到任务，点击进入详细信息页面，供电单位状态检修计划编制主界面如图 1-3-52 所示。

在"设备年度停电申请计划"中，新增或修改检修内容并保存。设备年度停电申请计划界面如图 1-3-53 所示。

在"设备年度停电申请计划"中，新增或修改检修内容并保存。

图 1-3-52 供电单位状态检修计划编制主界面

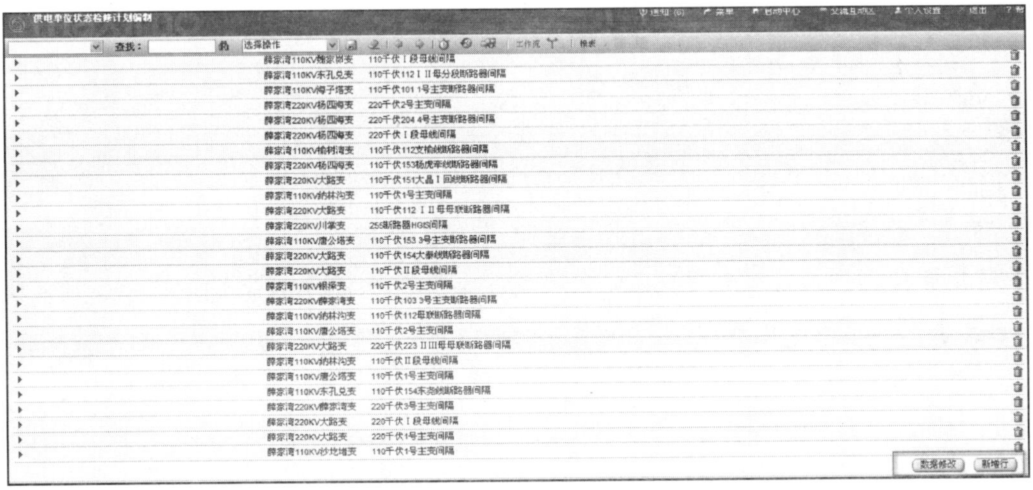

图 1-3-53 设备年度停电申请计划界面

（2）报表输出。点击"⊟"报表，选择输出格式点击"确定"即可。

（3）发送工作流"Ｙ"。供电单位编制完毕后发送到公司汇总平衡。当各供电单位将设备年度停电申请计划编制完毕且发送工作流后，公司生技部才能收到各供电单位上报的设备状态检修计划。

注意：只有生成停电检修计划后才能发送工作流。

七、公司平衡状态检修计划编制

1. 工作内容

公司平衡编制的是全网输变电设备的停电检修计划。以全网设备为依托，对各单位输变电设备进行数据合并。数据合并规则为：若线路及其前末端断路器存在关联关系则系统自动合并成一条记录；反之，不合并且单条显示。

2. 操作流程

（1）公司平衡状态检修计划编制人员会在收件箱中收到任务，点击进入详细信息页面，公司平衡状态检修计划编制主界面如图 1-3-54 所示。

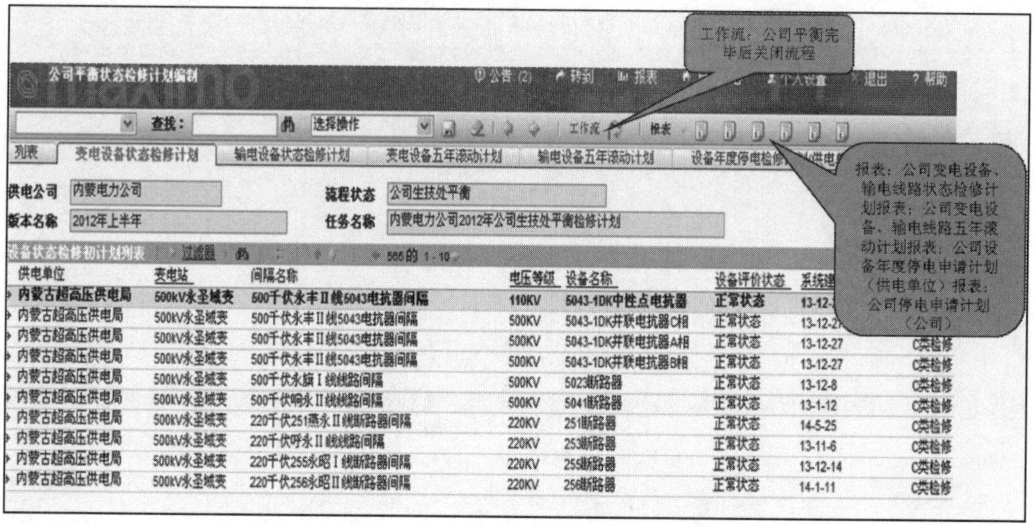

图 1-3-54　公司平衡状态检修计划编制主界面

在"设备年度停电检修计划（公司平衡）"中，新增或修改检修内容并保存。设备年度停电检修计划（公司平衡）界面如图 1-3-55 所示。

图 1-3-55　设备年度停电检修计划（公司平衡）界面

在"设备年度停电检修计划（公司平衡）"中，新增或修改检修内容并保存。

（2）报表输出。点击"▤"报表，选择输出格式点击"确定"即可。

（3）发送工作流"Ｙ"。公司生技部汇总平衡完各供电单位上报的设备状态检修计划后关闭流程。

八、供电单位停电检修计划上报情况

公司使用人员在此应用中可以查询各供电单位停电检修计划的上报情况。

点击"菜单→状态检修→检修计划→供电单位停电检修计划上报情况",进入页面后,已上报单位会在列表中显示,供电单位停电检修计划上报情况主界面如图 1-3-56 所示。

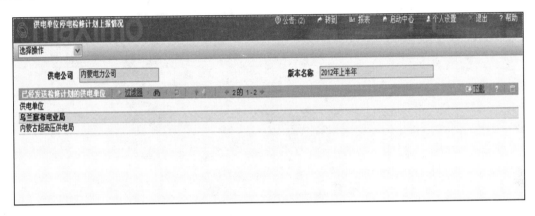

图 1-3-56 供电单位停电检修计划上报情况主界面

第六节 输变电设备评估报告查询

输变电设备评估报告包括初评报告、专业报告、综合报告和评估报告。

一、初评报告查询

1. 功能说明

(1) 变电设备情况统计查询。按使用人员所属单位、设备类型、评估版本等条件查询。

(2) 变电设备状态评价结果统计查询。按使用人员所属单位、设备类型、评估版本等条件查询。

(3) 输电线路情况统计查询。按使用人员所属单位、评估版本等条件查询。

(4) 输电线路状态评价结果统计查询。按使用人员所属单位、评估版本等条件查询。

(5) 初评报告输出:输出(变电、输电)初评报告。

2. 操作流程

点击"菜单→状态检修→评估报告查询→初评报告查询"。

（1）“变电设备情况统计”查询。默认“所属单位”“设备类型”。若使用人员为公司生技处领导则默认显示某局、某一设备类型的“变电设备情况统计”信息，也可通过选择“所属单位”“设备类型”，勾选“评估版本”等查询条件过滤出相应数据；若使用人员为供电单位领导则默认显示本单位某一设备类型的“变电设备情况统计”信息，也可通过选择“设备类型”，勾选“评估版本”等查询条件过滤出相应数据。初评报告查询主界面如图 1－3－57 所示。

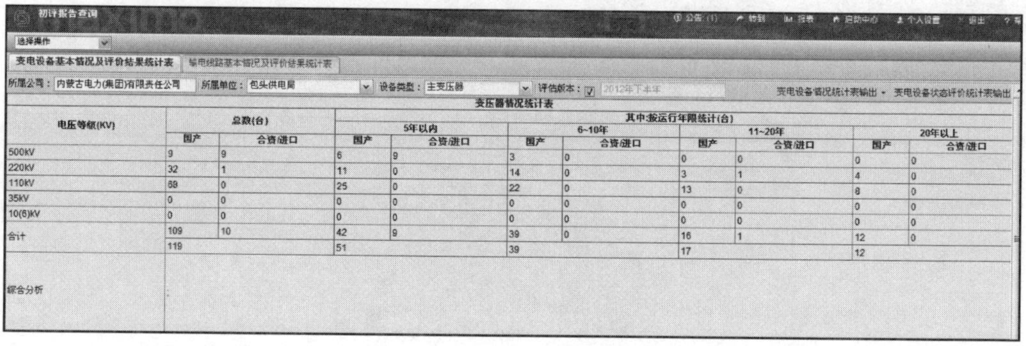

变压器情况统计表

电压等级(KV)	总数(台)		其中:按运行年限统计(台)							
			5年以内		6~10年		11~20年		20年以上	
	国产	合资/进口	国产	合资/进口	国产	合资/进口	国产	合资/进口	国产	合资/进口
500kV	9	9	6	9	3	0	0	0	0	0
220kV	32	1	11	0	14	0	3	1	4	0
110kV	68	0	25	0	22	0	13	0	8	0
35kV	0	0	0	0	0	0	0	0	0	0
10(6)kV	0	0	0	0	0	0	0	0	0	0
合计	109	10	42	9	39	0	16	1	12	0
	119		51		39		17		12	
综合分析										

图 1－3－57　初评报告查询主界面

（2）“变电设备状态评价结果统计”查询。默认“所属单位”“设备类型”。若使用人员为公司生技处领导则默认显示全网某一类型设备、某一定期评价版本的“状态评价结果统计”信息，也可通过选择“所属单位”“设备类型”，勾选“评估版本”等查询条件过滤出相应数据；若使用人员为供电单位领导则可查询本单位某一类型、某一定期评价版本的“状态评价结果统计”信息，也可通过选择“设备类型”，勾选“评估版本”等查询条件过滤出相应数据。变电设备状态评价综合报告结果统计表如图 1－3－58所示。

包头供电局主变压器状态评价统计表

电压等级(kV)	评价数量(台数)	分类评价结果(台)							
		正常状态		注意状态		异常状态		严重状态	
		正常	占比%	注意	占比%	异常	占比%	严重	占比%
500kV	18	9	50.00%	9	50.00%	0	0.00%	0	0.00%
220kV	33	27	81.82%	4	12.12%	0	0.00%	2	6.06%
110kV	69	54	78.26%	11	15.94%	1	1.45%	3	4.35%
35kV	0	0	0.00%	0	0.00%	0	0.00%	0	0.00%
10(6)kV	0	0	0.00%	0	0.00%	0	0.00%	0	0.00%
合计	120	90	75.00%	24	20.00%	1	0.83%	5	4.17%

图 1－3－58　变电设备状态评价综合报告结果统计表

（3）“输电线路情况统计”查询。默认“所属单位”“所属工区”。若使用人员为公司生技处领导则默认显示某局某一定期评价版本的“输电线路情况统计”信息，也可通过选择“所属单位”，勾选“评估版本”等查询条件过滤出相应数据；若使用人员为供电单位领导则默认显示本单位某一定期评价版本的“输电线路情况统计”信息，也可通过勾选“评估版本”等查询条件过滤出相应数据。输电线路情况统计表如图 1－3－59所示。

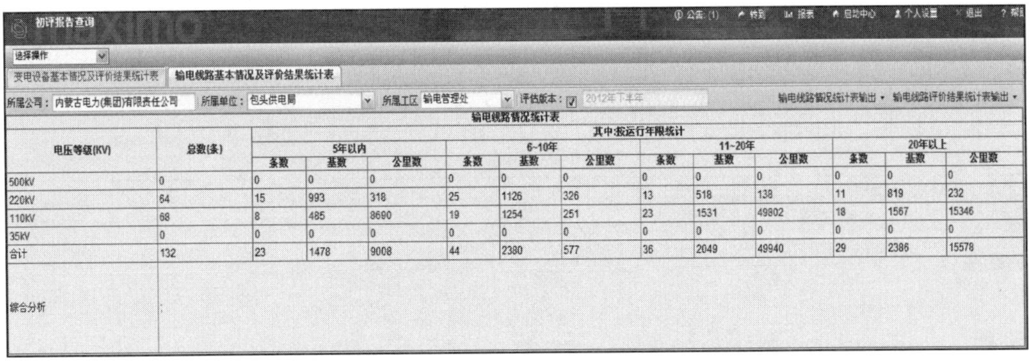

输电线路情况统计表													
电压等级(KV)	总数(条)	其中:按运行年限统计											
		5年以内			6~10年			11~20年			20年以上		
		条数	基数	公里数	条数	基数	公里数	条数	基数	公里数	条数	基数	公里数
500KV	0	0	0	0	0	0	0	0	0	0	0	0	0
220KV	64	15	993	318	25	1126	326	13	518	138	11	819	232
110KV	68	8	485	8690	19	1254	251	23	1531	49802	18	1567	15346
35KV	0	0	0	0	0	0	0	0	0	0	0	0	0
合计	132	23	1478	9008	44	2380	577	36	2049	49940	29	2386	15578
综合分析	;												

图 1－3－59　输电线路情况统计表

(4)“输电线路状态评价统计”查询。默认“所属单位”“所属工区”。若使用人员为公司生技处领导则默认显示全网定期评价版本的“输电线路状态评价结果统计”信息，也可选择“所属单位”，勾选“评估版本”等查询条件过滤出相应的数据；若使用人员为供电单位领导则显示本单位定期评价版本的“输电线路状态评价结果统计”信息，也可通过选择“评估版本”等查询条件过滤出相应数据。输电线路状态评价统计表如图 1－3－60 所示。

包头供电局输电线路状态评价统计表									
电压等级(kV)	评价数量(条)	分类评价结果(条)							
		正常状态		注意状态		异常状态		严重状态	
		正常	占比%	注意	占比%	异常	占比%	严重	占比%
500KV	0	0	0.00%	0	0.00%	0	0.00%	0	0.00%
220KV	64	61	95.31%	3	4.69%	0	0.00%	0	0.00%
110KV	72	61	84.72%	9	12.50%	2	2.78%	0	0.00%
35kV	0	0	0.00%	0	0.00%	0	0.00%	0	0.00%
合计	136	122	89.71%	12	8.82%	2	1.47%	0	0.00%

图 1－3－60　输电线路状态评价统计表

(5) 初评报告输出。点击 输电线路情况统计表输出 ▾ 输电线路评价结果统计表输出 ▾ 按钮，选择输出格式即可。

二、专业报告查询

1. 功能说明

(1) 变电专业报告查询。按使用人员所属单位、设备类型、评估版本等条件查询。

(2) 输电专业报告查询。按使用人员所属单位、评估版本等条件查询。

(3) 专业报告输出。输出（变电、输电）专业报告。

2. 操作流程

点击“菜单→状态检修→评估报告查询→专业报告查询”。

(1) 变电专业报告查询。默认“所属单位”“设备类型”。若使用人员为公司生技处领导则显示某局某一设备类型某一定期评价版本的“变电专业报告”信息，也可通过选择“所属单位”“设备类型”，勾选“评估版本”等查询条件过滤出相应数据；若使用人员为供电单位领导则显示本单位某一设备类型某一定期评价版本的"变电专业报告"信息，也可通过选择"设备类型"，勾选"评估版本"等查询条件过滤出相应数据。变电专业报告查询主界面如图1-3-61所示。

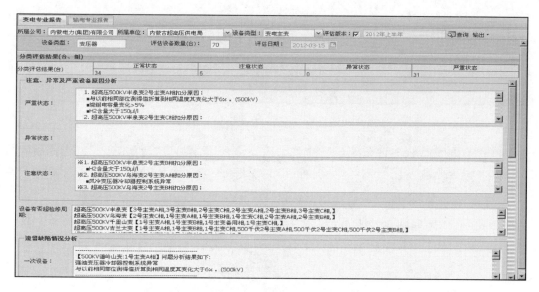

图1-3-61 变电专业报告查询主界面

（2）输电专业报告查询。默认"所属单位"。若使用人员为公司生技处领导则显示某局某一定期评价版本的"输电专业报告"信息，也可通过选择"所属单位"，勾选"评估版本"等查询条件过滤出相应数据；若使用人员为供电单位领导则显示本单位某一定期评价版本的"输电专业报告"信息，也可通过勾选"评估版本"等查询条件过滤出相应数据。输电专业报告查询主界面如图1-3-62所示。

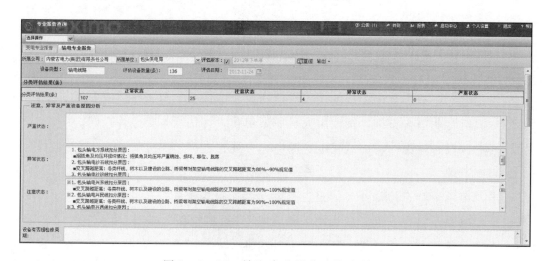

图1-3-62 输电专业报告查询主界面

（3）专业报告输出。点击"输出 ▾"按钮，选择输出格式即可。

三、综合报告查询

1. 功能说明

（1）变电设备基本情况及评价结果统计查询。按使用人员所属单位、设备类型、评估版本等条件查询。

（2）输电线路基本情况及评价结果统计查询。按使用人员所属单位、评估版本等条件查询。

（3）本年度状态评价需要停电检修设备统计查询。按使用人员所属单位、评估版本等条件查询。

（4）变电站评价统计查询。按使用人员所属单位、变电站、评估版本、复核后（默认复核前）等条件查询。

（5）输电线路评价统计查询。按使用人员所属单位、线路名称、评估版本、复核后（默认复核前）等条件查询。

（6）综合报告输出。输出变电设备基本情况及评价结果统计报表、输电线路基本情况及评价结果统计报表、本年度状态评价需要停电检修设备统计报表、变电站评价统计报表、输电线路评价统计报表。

2. 操作流程

点击"菜单→状态检修→评估报告查询→综合报告查询"。

（1）"变电设备基本情况及评价结果统计"查询。包括"变电设备基本情况"和"变电设备状态评价结果统计"查询。"变电设备基本情况"查询的具体操作与"初评报告查询"一致，因此不重复叙述；"变电设备状态评价结果统计"查询的具体操作也与"初评报告查询"一致，但增加了一个"复核后"查询条件即可查询公司复核前后的设备状态统计结果信息。综合报告查询主界面如图1-3-63所示。

（2）"输电线路基本情况及评价结果统计"查询。包括"输电线路基本情况"和"输电线路状态评价结果统计"查询。"输电线路基本情况"查询的具体操作与"初评报告查询"一致，因此不重复叙述；"输电线路状态评价结果统计"查询的具体操作也与"初评报告查询"一致，但增加了一个"复核后"查询条件即可查询公司复核前后的设备状态统计结果信息。输电线路基本情况及评价结果统计表如图1-3-64所示。

（3）"本年度状态评价需要停电检修设备统计"查询。默认"评估版本"。若使用人员为公司生技处领导则显示公司复核前，全网某一定期评价版本的"本年度状态评价需要停电检修设备统计"信息；也可通过选择"所属单位"，勾选"评估版

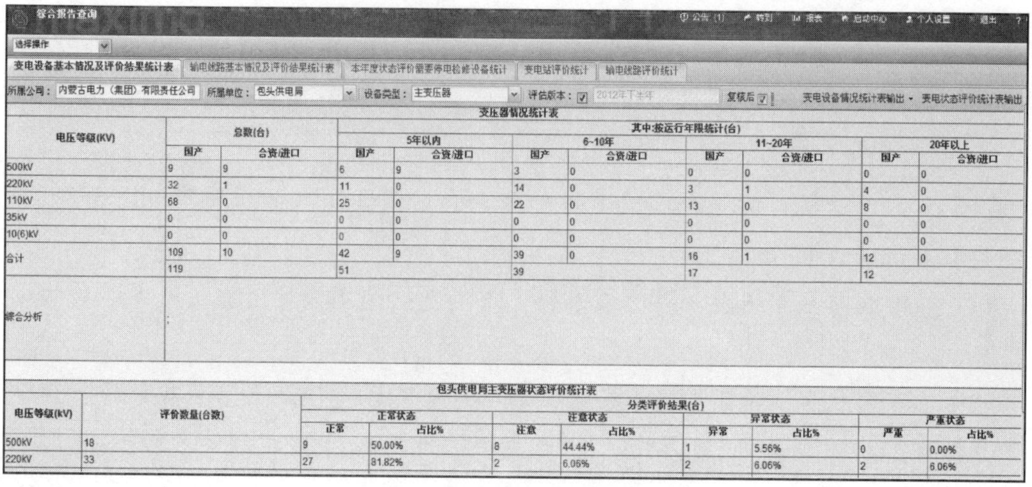

变压器情况统计表

电压等级(KV)	总数(台)		其中:按运行年限统计(台)							
			5年以内		6~10年		11~20年		20年以上	
	国产	合资/进口	国产	合资/进口	国产	合资/进口	国产	合资/进口	国产	合资/进口
500kV	9	9	6	9	3	0	0	0	0	0
220kV	32	1	11	0	14	0	3	1	4	0
110kV	68	0	25	0	22	0	13	0	8	0
35kV	0	0	0	0	0	0	0	0	0	0
10(6)kV	0	0	0	0	0	0	0	0	0	0
合计	109	10	42	9	39	0	16	1	12	0
	119		51		39		17		12	
综合分析	;									

包头供电局主变压器状态评价统计表

电压等级(kV)	评价数量(台数)	分类评价结果(台)							
		正常状态		注意状态		异常状态		严重状态	
		正常	占比%	注意	占比%	异常	占比%	严重	占比%
500kV	18	9	50.00%	8	44.44%	1	5.56%	0	0.00%
220kV	33	27	81.82%	2	6.06%	2	6.06%	2	6.06%

图 1-3-63　综合报告查询主界面

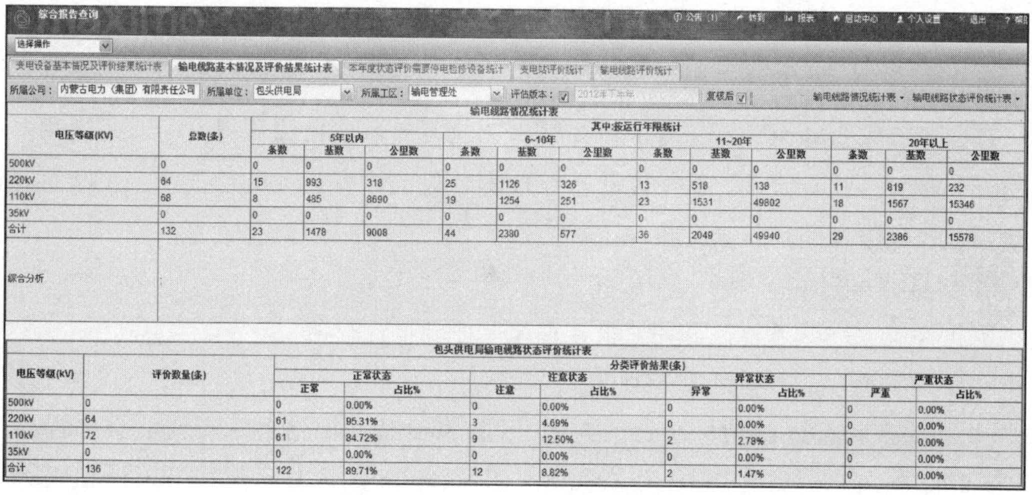

输电线路情况统计表

电压等级(KV)	总数(条)	其中:按运行年限统计											
		5年以内			6~10年			11~20年			20年以上		
		条数	基数	公里数	条数	基数	公里数	条数	基数	公里数	条数	基数	公里数
500kV	0	0	0	0	0	0	0	0	0	0	0	0	0
220kV	64	15	993	318	25	1126	326	13	518	138	11	819	232
110kV	68	8	485	8690	19	1254	251	23	1531	49802	18	1567	15346
35kV	0	0	0	0	0	0	0	0	0	0	0	0	0
合计	132	23	1478	9008	44	2380	577	36	2049	49940	29	2386	15578
综合分析	;												

包头供电局输电线路状态评价统计表

电压等级(kV)	评价数量(条)	分类评价结果(条)							
		正常状态		注意状态		异常状态		严重状态	
		正常	占比%	注意	占比%	异常	占比%	严重	占比%
500kV	0	0	0.00%	0	0.00%	0	0.00%	0	0.00%
220kV	64	61	95.31%	3	4.69%	0	0.00%	0	0.00%
110kV	72	61	84.72%	9	12.50%	2	2.78%	0	0.00%
35kV	0	0	0.00%	0	0.00%	0	0.00%	0	0.00%
合计	136	122	89.71%	12	8.82%	2	1.47%	0	0.00%

图 1-3-64　输电线路基本情况及评价结果统计表

本”“复核后”等查询条件过滤出相应数据；若使用人员为供电单位领导则显示公司复核前，本单位某一定期评价版本的“本年度状态评价需要停电检修设备统计”信息，也可通过勾选“评估版本”“复核后”等查询条件过滤出相应数据。本年度状态评价需要停电检修设备统计表如图 1-3-65 所示。

（4）“变电站评价统计”查询。默认“所属单位”“变电站”。若使用人员为公司生技处领导则显示公司复核前，某局某站某一定期评价版本的“变电站评价统计”信息；也可通过选择“所属单位”“变电站”，勾选“评估版本”“复核后”等查询条件过滤出相应数据；若使用人员为供电单位领导则显示公司复核前，本单位某站某一定期评价版本的“变电站评价统计”信息，也可通过选择“变电站”，勾选“评估版本”“复核后”等查询条件过滤出相应数据。变电站评价统计表如图 1-3-66 所示。

变电设备基本情况及评价结果统计表 | 输电线路基本情况及评价结果统计表 | 本年度状态评价需要停电检修设备统计 | 变电站评价统计 | 输电线路评价统计

所属公司：内蒙电力(集团)有限公司 所属单位：全部 评估版本：☑ 2012年上半年 复核后：☐ 查询 输出

2012状态评价需要停电检修设备统计表

设备类型	10KV设备数量(台/组/条)				35KV设备数量(台/组/条)				110KV设备数量(台/组/条)				220KV设备数量(台/组/条)				500KV设备数量(台/组/条)				2012年度检修数量合计				各类检修占停电检修总数比例(%)			设备总数(台/组/条)	停电检修比例(%)
	总数	A类检修	B类检修	C类检修	总数	A类检修	B类检修	C类检修	总数	A类检修	B类检修	C类检修	总数	A类检修	B类检修	C类检修	总数	A类检修	B类检修	C类检修	总数	A类检修	B类检修	C类检修	A类检修	B类检修	C类检修		
变压器	0	0	0	0	0	0	0	0	0	0	0	0	151	124	0	26	87	35	0	51	238	159	0	77	0.67	0.00	0.32	238	0.99
电抗器	0	0	0	0	0	0	0	0	0	0	0	0	12	1	0	11	68	4	0	63	80	5	0	74	0.06	0.00	0.93	80	0.99
断路器	0	0	0	0	0	0	0	0	0	0	0	0	701	47	0	651	159	1	0	152	860	48	0	803	0.06	0.00	0.93	860	0.99
输电线路	0	0	0	0	0	0	0	0	0	0	0	0	264	3	0	257	22	0	0	16	286	3	0	273	0.01	0.00	0.95	286	0.96
合计	0	0	0	0	0	0	0	0	0	0	0	0	1128	175	0	945	336	40	0	282	1464	215	0	1227	0.15	0.00	0.84	1464	0.99

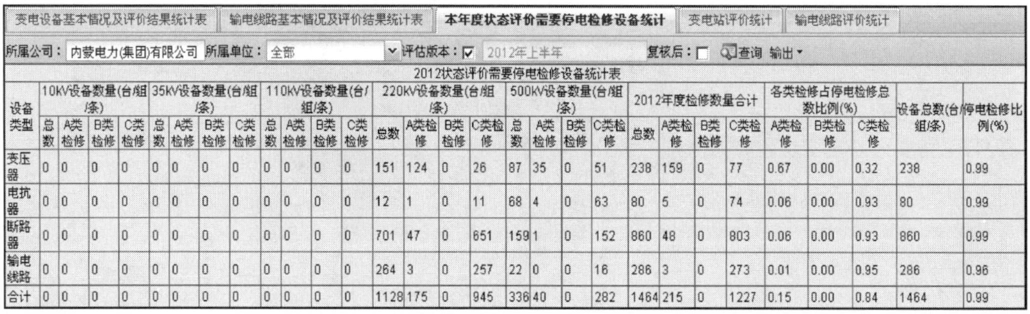

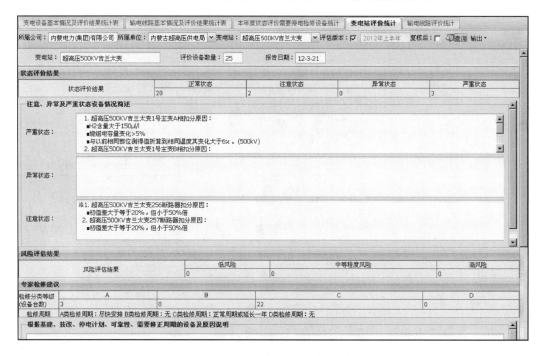

图 1-3-65　本年度状态评价需要停电检修设备统计表

图 1-3-66　变电站评价统计表

（5）“输电线路评价统计”查询。默认“所属单位”“线路名称”。若使用人员为公司生技处领导则显示公司复核前，某局某站某一定期评价版本的“输电线路评价统计”信息；也可通过选择“所属单位”“线路名称”，勾选“评估版本”“复核后”等查询条件过滤出相应数据；若使用人员为供电单位领导则显示公司复核前，本单位某站某一定期评价版本的“输电线路评价统计”信息，也可通过选择“变电站”，勾选“评估版本”“复核后”等查询条件过滤出相应数据。输电线路评价统计表如图 1-3-67 所示。

（6）综合报告输出。点击**输出**▾按钮，选择输出格式即可。

四、评估报告查询

1. 功能说明

（1）初始化查询。按使用人员所属单位、电压等级、评估版本等条件查询。

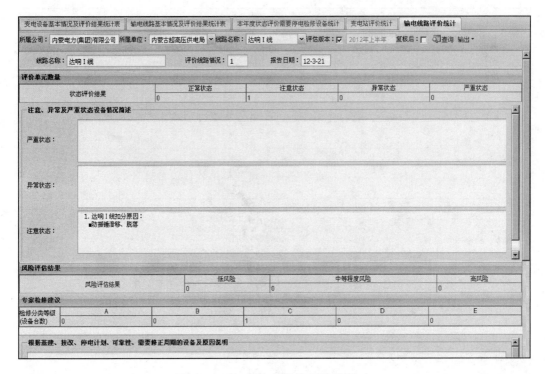

图 1-3-67 输电线路评价统计表

（2）按评估版本查询。按使用人员所属单位、电压等级、设备类型、变电站、系统结论、专家结论、复核结论、评估版本、输电线路、只查异常等查询。

（3）设备评估报告输出。输出（变电设备、输电线路）评估报告。

2. 操作流程

点击"菜单→状态检修→评估报告查询→评估报告查询"。

（1）初始化查询：默认评估版本是"2013 年 01 月包头供电局_变电_新设备首次评价_123"。若使用人员为公司生技处领导则显示全网设备评估数据；若使用人员为供电单位领导则显示本单位设备评估数据。评估报告查询主界面如图 1-3-68 所示。

（2）按评估版本查询。评估版本分为"变电设备动态评价版本""输电线路动态评价版本""定期评价版本"三种。若使用人员选择"变电设备动态评价版本"或"输电线路动态评价版本"则设备评估为"专家评估结论"数据；若使用人员选择"定期评价版本"则设备评估为"公司复核结论"数据。按评估版本查询界面如图 1-3-69 所示。

（3）设备评估报告输出。选择一条设备，点击右键"输出▾"按钮，选择输出格式即可。

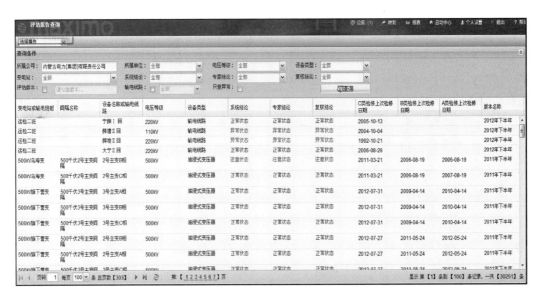

变电站或输电班组	间隔名称	设备名称或输电线路	电压等级	设备类型	系统结论	专家结论	复核结论	C类检修上次检修日期	B类检修上次检修日期	A类检修上次检修日期	版本名称
运检二班		宁薛Ⅰ回	220kV	输电线路	正常状态	正常状态	正常状态	2005-10-13			2012年下半年
运检二班		薛唐Ⅱ回	110kV	输电线路	异常状态	异常状态	异常状态	2004-10-04			2012年下半年
运检二班		薛准Ⅱ回	220kV	输电线路	异常状态	异常状态	异常状态	1992-10-21			2012年下半年
运检二班		大宁Ⅱ回	220kV	输电线路	正常状态	正常状态	正常状态	2006-08-26			2012年下半年
500kV乌海变	500千伏2号主变间隔	2号主变B相	500kV	油浸式变压器	注意状态	注意状态	注意状态	2011-03-21	2006-08-19	2006-08-19	2011年下半年
500kV乌海变	500千伏2号主变间隔	2号主变C相	500kV	油浸式变压器	正常状态	正常状态	正常状态	2011-03-21	2006-08-19	2007-08-19	2011年下半年
500kV旗下营变	500千伏3号主变间隔	3号主变A相	500kV	油浸式变压器	正常状态	正常状态	正常状态	2012-07-31	2009-04-14	2010-04-14	2011年下半年
500kV旗下营变	500千伏3号主变间隔	3号主变B相	500kV	油浸式变压器	正常状态	正常状态	正常状态	2012-07-31	2009-04-14	2010-04-14	2011年下半年
500kV旗下营变	500千伏3号主变间隔	3号主变C相	500kV	油浸式变压器	正常状态	正常状态	正常状态	2012-07-31	2009-04-14	2010-04-14	2011年下半年
500kV旗下营变	500千伏2号主变间隔	2号主变B相	500kV	油浸式变压器	正常状态	正常状态	正常状态	2012-07-27	2011-05-24	2012-05-24	2011年下半年
500kV旗下营变	500千伏2号主变间隔	2号主变A相	500kV	油浸式变压器	正常状态	正常状态	正常状态	2012-07-27	2011-05-24	2012-05-24	2011年下半年

图 1－3－68　评估报告查询主界面

变电站或输电班组	间隔名称	设备名称或输电线路	电压等级	设备类型	系统结论	专家结论	复核结论	C类检修上次检修日期	B类检修上次检修日期	A类检修上次检修日期	版本名称
运检二班		宁薛Ⅰ回	220kV	输电线路	正常状态	正常状态	正常状态	2005-10-13			2012年下半年
运检二班		薛唐Ⅱ回	110kV	输电线路	异常状态	异常状态	异常状态	2004-10-04			2012年下半年
运检二班		薛准Ⅱ回	220kV	输电线路	异常状态	异常状态	异常状态	1992-10-21			2012年下半年
运检二班		大宁Ⅱ回	220kV	输电线路	正常状态	正常状态	正常状态	2006-08-26			2012年下半年
运检二班		薛准Ⅰ回	220kV	输电线路	异常状态	异常状态	异常状态	1992-10-21			2012年下半年
运检一班		宁杨Ⅰ回	220kV	输电线路	注意状态	注意状态	注意状态	2005-10-11			2012年下半年
运检三班		永中线	220kV	输电线路	正常状态	正常状态	正常状态	2009-07-15			2012年下半年
运检三班		路云线	220kV	输电线路	正常状态	正常状态	正常状态	2009-07-15			2012年下半年
运检二班		万清线	220kV	输电线路	注意状态	注意状态	注意状态	2000-07-10			2012年下半年
运检三班		清路线	220kV	输电线路	正常状态	正常状态	正常状态	2009-07-21			2012年下半年
运检二班		薛海线	110kV	输电线路	正常状态	正常状态	正常状态	1993-10-01			2012年下半年
运检一班		杨榆线	110kV	输电线路	正常状态	正常状态	正常状态	2005-11-23			2012年下半年
运检二班		永胜线	110kV	输电线路	正常状态	正常状态	正常状态	2006-03-01			2012年下半年
运检二班		宁薛Ⅱ回	220kV	输电线路	异常状态	异常状态	异常状态	1999-10-29			2012年下半年
运检三班		路薛Ⅰ回	220kV	输电线路	注意状态	注意状态	注意状态	1992-10-09			2012年下半年
运检一班		宁杨Ⅱ回	220kV	输电线路	正常状态	正常状态	正常状态	2006-08-18			2012年下半年

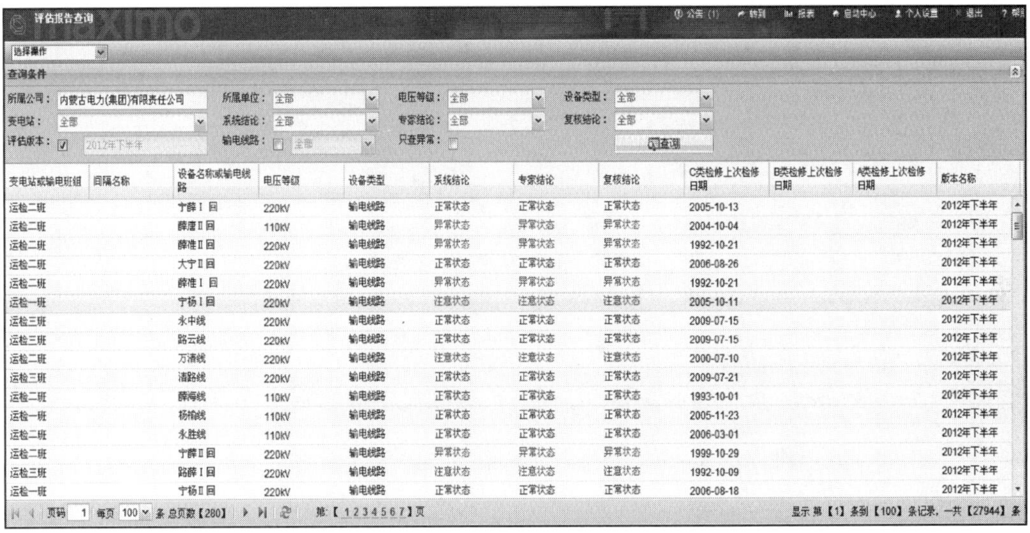

图 1－3－69　按评估版本查询界面

第七节　输变电设备状态查询

一、变电设备状态查询

1. 界面内容

变电设备动态评价情况以所属单位、变电站电压等级、变电站、设备类型、电压等级、系统结论、只查系统结论正常（扣分）、评价版本、专家结论、系统结论、只查系统结论异常等条件为检索单元，对设备评价数据进行综合性查询的功能模块。

2. 查询条件说明

（1）初始化查询。按使用人员所属单位、电压等级、评价版本等条件查询。

（2）双击查看评价设备（输电）详细信息。可查看台账信息、评价信息、缺陷信息、试验信息。

3. 查询操作流程

点击"菜单→状态检修→设备状态查询→变电设备动态评价"，若使用人员为公司生技处领导则显示全网设备评价数据，若使用人员为供电单位领导则显示本单位设备评价数据。变电设备动态评价主界面如图1-3-70所示。

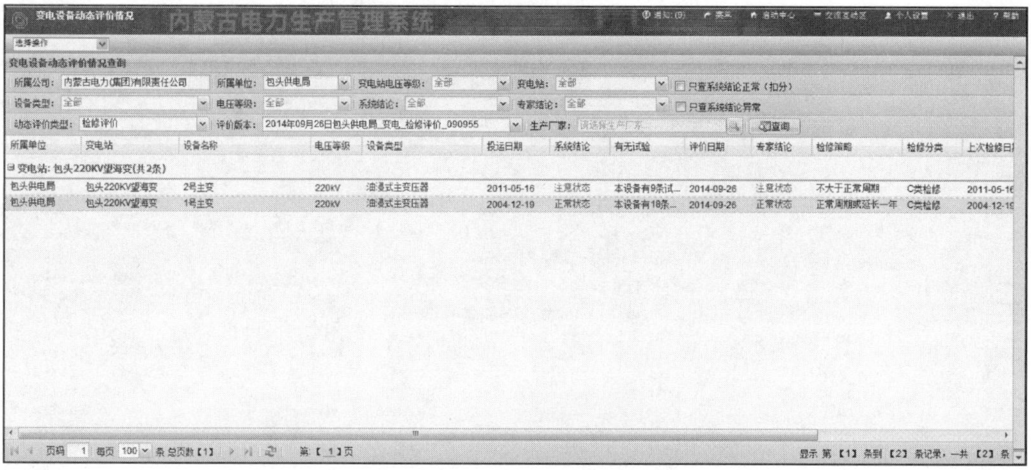

图1-3-70　变电设备动态评价主界面

双击查看评价设备（变电）的详细信息包括台账信息、评价信息、缺陷信息、试验信息。变电设备动态评价中的评价信息界面如图1-3-71所示。

二、输电线路状态查询

1. 界面内容

输电线路动态评价情况以所属单位、线路名称、线路类型、电压等级、系统结论、只查系统结论正常（扣分）、评估版本、专家结论、系统结论、只查系统结论异常等条件为检索单元，对设备评价数据进行综合性查询的功能模块。

2. 查询条件说明

（1）初始化查询。按使用人员所属单位、电压等级、评估版本等条件查询。

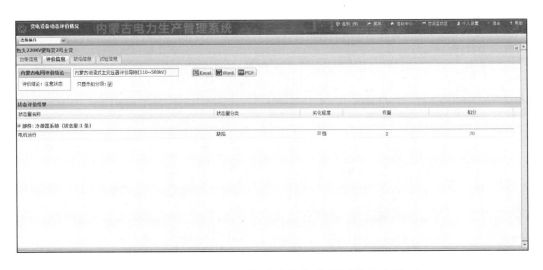

图 1-3-71　变电设备动态评价中的评价信息界面

（2）双击查看评价设备（输电）详细信息。可查看台账信息、评价信息、缺陷信息。

3. 查询操作流程

点击"菜单→状态检修→设备状态查询→输电线路动态评价"情况，若使用人员为公司生技处领导则显示全网设备评价数据，若使用人员为供电单位领导则显示本单位设备评价数据。输电线路动态评价主界面如图 1-3-72 所示。

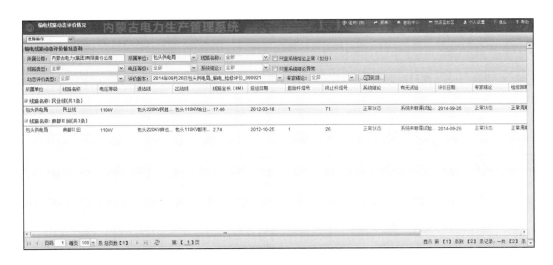

图 1-3-72　输电线路动态评价主界面

双击查看评价设备（输电）的详细信息包括台账信息、评价信息、缺陷信息、试验信息。输电线路动态评价中的台账信息界面如图 1-3-73 所示。

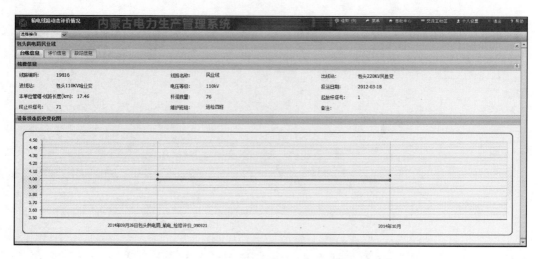

图 1-3-73　输电线路动态评价中的台账信息界面

第四章

在线监测

内蒙古电力公司生产管理信息系统 10（6）kV 及以上变电在线监测模块包括台账的录入、站控系统的录入和综合监测单元的录入。

一、设备类型以及分类编码

在线监测装置类型、分类编码以及监测项目见表 1-4-1。

表 1-4-1 在线监测装置类型、分类编码以及监测项目

序号	装置类型	监测设备分类编码	监测项目	备 注
1	变压器类设备在线监测装置	1817	油中溶解气体	变压器类设备包括变压器、换流变、电抗器、电磁型互感器、消弧线圈等
		1818	油中含水量	
		1816	局部放电	
		1819	铁芯接地电流	
		1820	夹件接地电流	
		1815	绕组光纤测温	
		1958	有载分接开关状态	
2	电容型设备在线监测装置	1814	绝缘监测	电容性设备是指采用电容屏绝缘结构的设备，包括电容型套管、电容型电流互感器、电容式电压互感器、耦合电容器等
3	金属氧化物避雷器在线监测装置	1961	绝缘监测	
4	断路器/GIS在线监测装置	1808	局部放电	
		1809	分合闸线圈电流及波形	
		1810	SF_6气体压力	
		1811	SF_6气体水分	
		1812	储能电机工作状态	
		1813	负荷电流及波形	
5	开关柜在线监测装置	1947	局部放电监测	
		1948	温度监测	

续表

序号	装置类型	监测设备分类编码	监测项目	备 注
6	绝缘子在线监测装置	1964	表面污秽、湿度	
7	红外热成像在线监测装置	1966	表面温度	
8	环境在线监测装置	1968	环境温度、湿度	
9	电缆及附属设施在线监测装置	1970	局部放电	
		1971	温度	

注 变电站侧系统中使用的装置分类编码参照表中数据。

二、装置台账录入

在线监测装置通常安装在被监测设备上或其附近，用以自动采集、处理和发送被监测设备的状态信息（含传感器）。监测装置能通过现场总线、以太网、无线等通信方式与综合监测单元或直接与站端监测单元通信。

装置台账录入操作流程如下：

（1）变电站值班人员登录系统后，点击"菜单 → 变电设备状态监测 →装置管理→在线监测装置"，进入在线监测装置主界面，如图1-4-1所示。

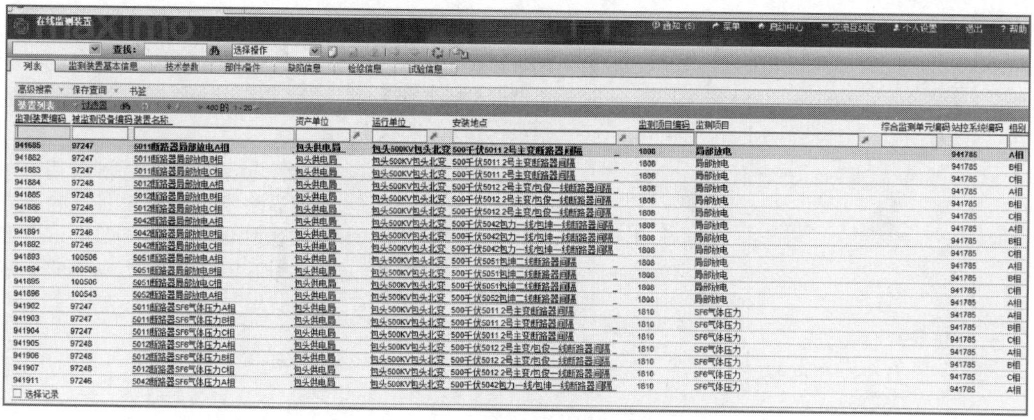

图1-4-1 在线监测装置主界面

（2）点击"■"按钮进入在线监测装置台账编辑页面，监测装置基本信息界面如图1-4-2所示。

在线监测装置台账录入示例如图1-4-3所示。

录入说明如下：

1）"在线监测装置"界面的"监测装置编码""被监测装置编码"不需要录入，由系统自动生成。

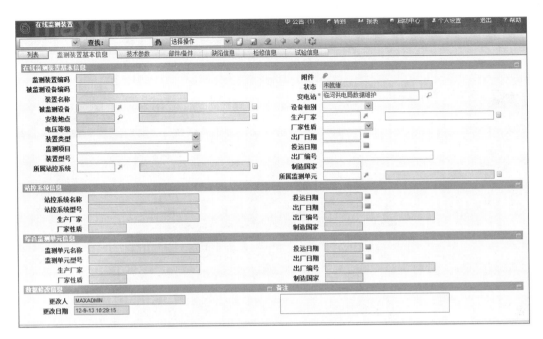

图 1-4-2 监测装置基本信息界面

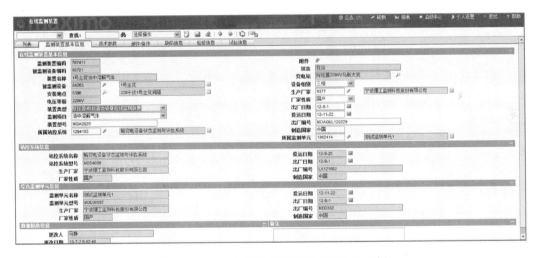

图 1-4-3 在线监测装置台账录入示例

2）"装置名称"不需要录入，系统通过选择完以下项目后，系统自动生成装置名称，生成规则如下：被监测设备名称＋监测项目。

a."被监测设备"通过"✐"选择，"安装地点""电压等级"后续相关内容系统会自动带回，不需要填入或者选择。

b."监测项目"中内容通过选择不同的"装置类型"而变化。

3）变电站。若使用人员为集控站人员，"变电站"默认为集控站地点，应改为对应装置所在变电站的地点。

具体操作流程如下：点击"个人设置→默认信息"，进入图1-4-4所示页面，修改默认插入地点变电站。个人设置→默认设置示例如图1-4-4所示，默认设置界面如图1-4-5所示。

图1-4-4 个人设置→默认设置示例

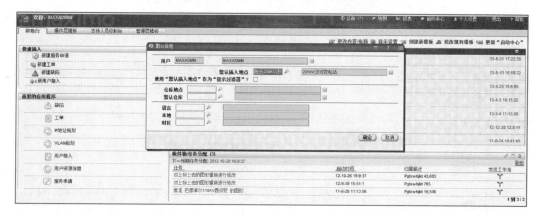

图1-4-5 默认设置界面

4）"所属站控系统"通过选择" "转到"站控系统维护"界面，站控系统维护主界面如图1-4-6所示。

图1-4-6 站控系统维护主界面

如果没有使用人员所在变电站的"站控系统"信息，使用者通过" "按钮新增本站的站控系统信息数据，具体录入操作为：点击"菜单→在线监测→站控系统"，录入完成后点击"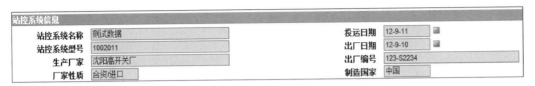"。同时在"站控系统信息"区域中显示刚才在站控系统中维护的数据信息，此区域的内容不需要修改，由系统自动生成，站控系统信息界面如图1-4-7所示。

图1-4-7 站控系统信息界面

5）"所属监测单元"通过选择"✎"转到综合监测单元维护功能界面，如图1-4-8所示。

图1-4-8 综合监测单元维护界面

如果没有使用者所在变电站的综合监测信息，可以通过"▢"按钮新增本站的综合监测单元信息数据，具体录入操作流程如下：点击"菜单→在线监测→综合监测"，录入完成后点击"▢"按钮保存。同时"综合监测单元信息"区域中显示在综合监测单元中维护的数据信息，此区域的内容不需要修改，由系统自动生成，综合监测单元信息界面如图1-4-9所示。

图1-4-9 综合监测单元信息界面

6）设备状态变更。编辑好点击"保存"后，如果该设备准备投运，请通过"♻"按钮将该设备状态改为在运。

注意：对于计划采购还未到站的监测装置不要维护到在线监测装置台账中，对于已安装但未停电接线安装的监测装置台账状态维护为"未就绪"，对于已安装并接电正常上传监测数据的监测装置台账状态维护为"在运"。

三、站控系统录入

站控系统以变电站为对象，承担站内全部监测数据的分析和对监测装置、综合监

测单元的管理。实现对监测、数据的综合分析、预警功能，以及对监测装置和综合监
测单元设置参数、数据召唤、对时、强制重启等控制功能，并能与主站进行标准化
通信。

操作流程如下：

（1）点击"菜单→在线监测→装置管理→站控系统"，进入站控系统界面，如图
1-4-10所示。进入站控系统命令界面如图1-4-11所示。

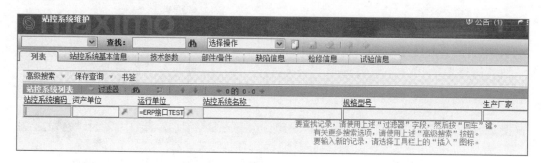

图1-4-10　站控系统界面

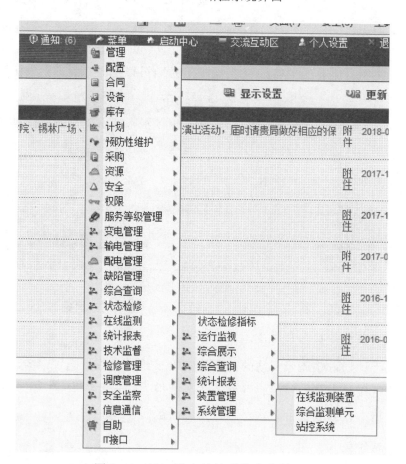

图1-4-11　进入站控系统命令界面

（2）可以通过新增"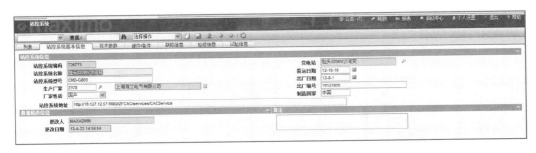"按钮进入站控系统编辑页面，进行数据编辑，站控系统基本信息界面如图 1-4-12 所示。

图 1-4-12 站控系统基本信息界面

注意：如果登录使用者为集控站人员，"变电站"项目默认为集控站地点，应改为对应站控系统所在变电站的地点。

编辑好点击"保存"后，如果该设备准备投运，请通过"〔 〕"按钮将该设备状态改为在运。

四、综合监测单元录入

综合监测单元以被监测设备为对象，接收与被监测设备相关的在线监测装置发送的数据，并对数据进行加工处理，此类设备维护在综合监测单元维护中，实现与站端监测单元进行标准化数据通信。

注意：上述描述的台账信息维护在综合监测单元模块中。

操作流程如下：

（1）点击"菜单→在线监测→装置管理→综合监测单元"，进入综合监测列表界面，如图 1-4-13 所示。进入综合监测单元命令界面如图 1-4-14 所示。

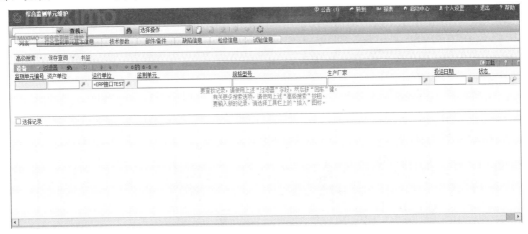

图 1-4-13 综合监测列表界面

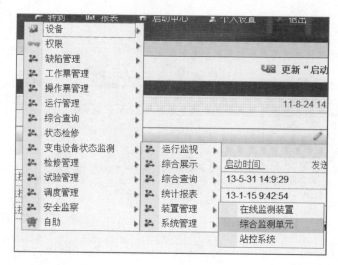

图 1-4-14　综合监测单元命令界面

（2）可以通过新增"▯"按钮进入综合监测单元编辑页面，进行数据编辑，综合监测单元基本信息界面如图 1-4-15 所示。

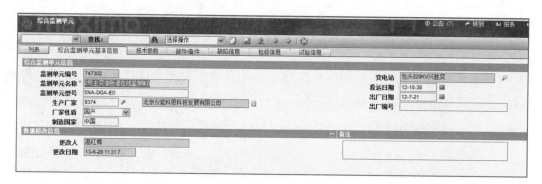

图 1-4-15　综合监测单元基本信息界面

注意：如果登录使用者为集控站人员，"变电站"项目默认为集控站地点，应改为对应综合监测单元所在变电站的地点。

（3）编辑好点击"保存"后，如果该设备准备投运，请通过"▯"按钮将该设备状态改为"在运"。

第二篇

输变电一次设备信息台账录入规范

第一章

基础信息管理要求

设备状态资料信息收集与管理是设备状态评价的基础，涵盖设备信息收集、归纳和分析处理等全过程，应按照统一数据规范、统一报告模板，分级管理、动态考核的原则进行，落实各级设备状态信息管理责任，健全设备全过程状态信息管理工作机制，确保设备全寿命周期内状态信息的规范、完整和准确。设备状态信息收集工作流程如图2-1-1所示。

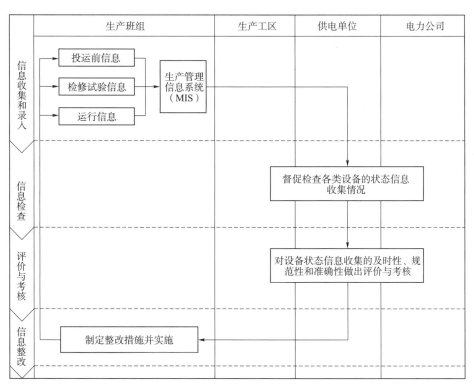

图 2-1-1 设备状态信息收集工作流程图

第一节 状态资料信息分类

设备状态资料信息应包括设备全寿命周期内表征设备健康状况的资料、数据、记录等内容，按照生产过程可分为投运前资料信息、运行资料信息、检修试验资料信息、家族性缺陷信息等四类。设备状态资料信息见表 2-1-1。

表 2-1-1 设备状态资料信息表

信息分类	项 目	收 集 内 容
投运前资料信息	设备技术台账	设备双重名称、生产厂家、设备型号、出厂编号、生产日期、投运日期、设备详细参数（按生产 MIS 系统要求）、设备铭牌、外观照片、设备招标规范、订货技术协议、产品说明书及安装维护使用手册、产品组装图及零部件图、产品合格证、质保书、备品备件清单
	安装验收记录	土建施工安装记录、设备安装记录、设备调试记录、隐蔽工程图片记录及监理记录、监理报告、三级验收报告、竣工验收报告
	试验报告	型式试验报告、出厂试验报告、交接试验报告、启动调试报告
	图纸	主接线图、线路路径图、定位图、基础图、构支架图、土建图、设备安装组装图、二次原理图、安装图、回路图
运行资料信息	设备巡视	设备外观检查、设备运行振动与声响、设备负荷情况、设备表计指示、位置指示、设备测温情况、设备阀门位置、切换开关投切位置
	操作维护	设备停送电操作记录、设备维护记录
	缺陷记录	缺陷时间、缺陷部位及描述、缺陷程度、缺陷原因分析、消缺情况
	故障跳闸	故障前设备运行情况、故障前负荷情况、短路电流水平及持续时间、开关动作情况及跳闸次数、保护动作情况、故障原因分析
	在线监测	油色谱在线监测数据、避雷器在线监测数据、互感器在线监测数据、GIS 设备在线监测数据、设备污秽在线监测数据、其他在线监测数据
	带电检测数据	避雷器带电测试数据、不停电取油（气）样试验数据、其他带电检测数
	不良工况	收集高温、低温、雨、雪、台风、沙尘暴、地震、洪水等信息资料
检修试验资料信息	检修试验报告	例行试验报告、诊断性试验报告、专业化巡检记录、检修报告

一、投运前资料信息

投运前资料信息主要包括设备技术台账、出厂试验报告、交接试验报告、安装验收记录、新扩建工程有关图纸等纸质和电子版资料。

二、运行资料信息

运行资料信息主要包括设备巡视、操作维护、缺陷记录、故障跳闸、在线监测和带电检测数据，以及不良工况信息等。

三、检修试验资料信息

检修试验资料信息主要包括例行试验报告、诊断性试验报告、专业化巡检记录、缺陷消除记录及检修报告等。

四、家族性缺陷信息

家族性缺陷信息指经公司认定的同厂家、同型号、同批次设备（含主要元器件）由于设计、材质、工艺等共性因素导致缺陷的信息。

第二节 状态资料信息收集与管理

设备状态资料信息收集应按照"谁主管、谁收集"的原则进行，并应与调度信息、运行环境信息、风险评估信息等相结合。为保证设备状态信息的完整和安全，还应逐年做好历史数据的保存和备份。

一、投运前资料信息收集与管理

由各供电单位生产技术部门组织协调收集，设备投运后由基建、物资等部门移交生产。其中，新扩建工程有关图纸、设备技术台账等信息由运行工区收集并录入生产管理信息系统。出厂试验报告、交接试验报告、安装验收记录等资料信息由检修工区收集并录入生产管理信息系统。设备的原始资料应按照档案管理相关规定妥善保管。

二、运行资料信息收集与管理

由运行工区负责收集、整理，并录入生产管理信息系统。其中，在线监测和带电检测数据由运行工区收集和录入，故障跳闸、不良工况等信息从调度、气象等相关部门获取后录入生产管理信息系统。

三、检修试验资料信息收集与管理

由检修工区负责收集、整理，并录入生产管理信息系统。如设备返厂检修，应从设备制造厂家获取检修报告和相关信息后录入生产管理信息系统。

四、家族性缺陷信息收集与管理

家族性缺陷信息在公司公开发布后，由运行工区负责完成生产管理信息系统中相关设备状态信息的变更。

第三节 信息录入时限要求

设备状态信息录入时限要求如下：

（1）对于新投运输变电设备，在设备投运并移交生产后 2 天内将有关资料录入生产管理信息系统。对于技改设备，应在设备投运后的 5 天内完成其信息更新工作。

（2）运行资料信息应在当日录入生产管理信息系统。

（3）检修试验资料信息应在检修试验工作结束后 1 周内录入生产管理信息系统。

（4）家族性缺陷信息在公开发布 1 个月内，应完成生产管理信息系统中相关设备状态信息的变更和维护。

（5）设备及其主要元部件发生变更后，应在 1 个月内完成生产管理信息系统中相关信息的更新。

第二章

术语和定义

下列术语和定义适用于本手册。

一、生产 MIS

生产 MIS 是指内蒙古电力公司生产管理信息系统。

二、一次设备基本台账信息管理

一次设备基本台账信息管理主要包括对设备名称、设备铭牌参数、设备技术参数、生产时间、制造厂家、投运时间等基本信息的管理，同时还包括附属设备/部件的管理，并通过在主设备上挂接附属设备/部件的方式来展示设备管理的层次结构。

三、间隔

间隔指变电站内以一次主设备为核心而划分的一个单元体系。

四、变电站间隔划分标准

变电站内分 12 个间隔，分别是母线间隔、主变间隔、断路器间隔、隔离开关间隔、线路间隔、并联电容器间隔、消弧线圈间隔、中性点接地电阻间隔、站用变间隔、GIS 间隔、HGIS 间隔、0.4kV 站用电间隔。

五、污秽等级

污秽等级根据《内蒙古电力系统污区分布图》对电力设备所在区域污染程度划分。

六、变电一次设备

变电一次设备包括主变压器、站用变、接地变、电抗器、断路器、组合电器、隔离开关和接地开关、高压开关柜、电压互感器、电流互感器、避雷器、穿墙套管、母线、电力电缆、熔断器、阻波器、耦合电容器、避雷针、接地装置、绝缘子、放电线圈、结合滤波器、并联电容器装置、消弧线圈装置、中性点接地电阻装置等 25 类设备。

七、设备唯一码

设备唯一码是系统自动生成的，根据设备入网情况进行定义的设备唯一标识。在设备全寿命周期管理中，设备唯一码用来标识特定的设备个体。设备唯一码生成后将保持不变，设备发生位置变动、状态变化等均不改变设备唯一码。类似于人的身份证号码。

八、设备编号

设备编号是根据设备所在位置由系统自动定义的设备编号。当设备位置发生变化时，设备编号会发生变化。

九、部件

部件是主设备的一部分，由若干装配在一起的零件组成，不能单独发挥功能。

十、附属设备

附属设备指除主设备以外的直接为主设备服务的其他所有设备，可以作为独立设备发挥作用。

第三章

变电站命名规范

一、变电站录入规则

根据内蒙古电力（集团）有限责任公司内电运〔2018〕41号文件《关于规范内蒙古电网厂站及一次设备调度命名编号的通知》的要求，规范变电站命名，仅适用于基层供电单位。

二、变电站命名

（一）一般变电站命名

格式：地点名称＋"变"。

注意：华北网调调度的500kV变电站按网调命名规范进行命名。

示例：定远营变。

（二）开闭变电站命名

格式：地点名称＋"开闭站"。

示例：白同开闭站。

（三）集控（运维）变电站命名

集控站（运维）一般不要求写电压等级，因为集控站是一个变电站管理多个子站，所辖各站电压等级并不相同，不能以主站的电压等级进行规定。

格式：地点名称＋"集控（运维）站"。

示例：东郊集控站。

（四）铁路牵引变电站命名

格式：地点名称＋"牵引站"。

示例：芦根壕牵引站。

第四章

间隔命名及录入规范

一、间隔录入规则

（1）间隔名称内除 2 个不同意义的数字相连时必须加一个空格分开外，其他情况下禁止使用空格（包括英文字母与数字或数字与罗马数字之间均不得使用空格）。

（2）主变间隔应包括主变压器、各侧避雷器、电压互感器、主变中性点所有设备及本体所有附件。注意：变压器三侧断路器应分别建立单独的断路器间隔，主变间隔和断路器间隔应以－6 隔离开关为界，－6 隔离开关归入断路器间隔。中性点电抗器应归入主变间隔。

（3）母线间隔应包括母线、电压互感器、避雷器及隔离开关、接地开关等设备。

（4）断路器间隔按电压等级不同包括断路器、隔离开关、电流互感器、线路电压互感器、开关柜、电力电缆等。

（5）隔离开关间隔仅适用于母线分段、联络或主变某侧没有断路器，只有隔离开关的情况，有断路器时应列入断路器间隔。

（6）线路间隔适用于 500kV 站 3/2 接线方式，以及没有断路器的进线情况。500kV 各出线应单独设立间隔，包括线路电压互感器、避雷器及高压电抗器、阻波器等；500kV 每个断路器为一个单独的间隔。

（7）并联电容器间隔以户外电缆终端头为界，电容器侧设备全部录入到并联电容器间隔，电缆属于断路器间隔；没有电缆的电容器装置应以－6 隔离开关或－617 接地刀闸为界，－6 隔离开关或－617 接地刀闸归入断路器间隔。间隔内包含"并联电容器装置"，"并联电容器装置"中的"电力电容器""避雷器""电抗器""隔离开关""放电线圈"等作为"并联电容器装置"的附属设备录入。

（8）消弧线圈间隔均以户外电缆终端头为界，电缆属于断路器间隔；没有电缆的消弧线圈装置应以－6 隔离开关或－617 接地刀闸为界，－6 隔离开关或－617 接地刀闸归入断路器间隔。间隔内包含"消弧线圈装置"，"消弧线圈装置"中的"消弧线圈""接地变"等作为"消弧线圈装置"的附属设备录入。

（9）中性点接地电阻间隔包括中性点接地电阻装置、电力电缆即接地电阻装置至主变中性点刀闸的电缆。"电阻器""电流互感器"等作为中性点接地装置的附属设备录入。与主变中性点连接的接地刀闸应包含在主变间隔内。

（10）站用变间隔仅适用于外引电源或控制开关是隔离开关（小车）没有断路器的情况，站用变单列一个间隔。有断路器时，应将该站用变纳入断路器间隔；站用变从出线引出时，将该站用变纳入此出线间隔。

（11）GIS 间隔分为出线 GIS 间隔和母线 GIS 间隔。出线 GIS 间隔内包含出线 GIS 设备；母线 GIS 间隔内包含母线 GIS 设备。

（12）HGIS 间隔内包含 HGIS 设备、避雷器、电压互感器。

（13）0.4kV 站用电间隔包括变电站内所有低压室（低压盘）内设备。

（14）在间隔位置名称命名中，电压等级单位为"千伏"。

（15）按照内蒙古电力（集团）有限责任公司内电运〔2018〕41 号文件《关于规范内蒙古电网厂站及一次设备调度命名编号的通知》的规定，母线的调度编号采用阿拉伯数字，而一些线路沿用的是旧编码准则，为了保证系统录入台账的准确性，要求系统母线台账信息录入时严格根据母线实际所用调度编码规则录入。

二、间隔位置名称命名规范及示例

1. 主变间隔

规范：电压等级＋调度号＋"主变间隔"。

示例：500 千伏 1 号主变间隔；

　　　220 千伏 2 号主变间隔。

2. 母线间隔

规范：电压等级＋调度号＋"母线间隔"。

示例：220 千伏Ⅰ段/1 号母线间隔；

　　　35 千伏Ⅰ段甲母线间隔；

　　　10 千伏旁路母线间隔。

3. 断路器间隔

规范：电压等级＋调度号/双重编号＋"断路器间隔"。

示例：500 千伏 5052 土俊一线断路器间隔；

　　　220 千伏 202 2 号主变断路器间隔；

　　　220 千伏 212Ⅰ Ⅱ母母联断路器间隔；

　　　220 千伏 213Ⅰ Ⅲ母分段断路器间隔；

　　　35 千伏 311 青化Ⅱ回断路器间隔；

　　　35 千伏 3931 3 号主变 1 号并联电容器断路器间隔；

　　　10 千伏 951 1 号主变断路器间隔；

10 千伏 962 2 号站用变断路器间隔；

10 千伏 930 旁路断路器间隔；

10 千伏 910 Ⅰ Ⅱ 母分段断路器间隔；

10 千伏 9911 并联电容器断路器间隔；

10 千伏 952 备用断路器间隔（注：备用出线间隔）。

4. 隔离开关间隔

规范：电压等级＋调度号＋双重编号＋"隔离开关间隔"。

示例：110 千伏 110 - 1 Ⅰ Ⅱ 母分段隔离开关间隔；

10 千伏 951 - 6 1 号主变隔离开关间隔。

5. 线路间隔

规范：电压等级＋调度号＋线路名称＋"线路间隔"。

示例：500 千伏 5041/5042 包新一线线路间隔；

110 千伏额达线线路间隔；

220 千伏包福线线路间隔；

110 千伏古莎 T 斗线线路间隔。

6. 并联电容器间隔

规范：电压等级＋调度号/双重编号＋"并联电容器间隔"。

示例：35 千伏 3911 1 号主变 1 号并联电容器间隔；

10 千伏 9911 并联电容器间隔。

7. 消弧线圈间隔

规范：电压等级＋调度号＋"消弧线圈间隔"。

示例：10 千伏 901 消弧线圈间隔。

8. 中性点接地电阻间隔

规范：电压等级＋调度号＋"中性点接地电阻间隔"。

示例：35 千伏 3 号主变中性点接地电阻间隔（注：设备所处的位置为 110 千伏 3 号主变 35 千伏侧中性点接地电阻）。

9. 站用变间隔

规范：电压等级＋调度号＋"站用变间隔"。

示例：10 千伏 961 1 号站用变间隔；

10 千伏 2 号站用变间隔（注：一般为外引电源）。

10. GIS 间隔

规范：（电压等级）＋调度号＋"GIS 间隔"。

示例：111 断路器 GIS 间隔；

110 千伏 I 段母线 GIS 间隔。

11. HGIS 间隔

规范：（电压等级）＋调度号＋"HGIS 间隔"。

示例：112 断路器 HGIS 间隔；

121 断路器 HGIS 间隔。

12. 0.4 千伏站用电间隔

规范：名称唯一。

示例：0.4 千伏站用电间隔。

第五章

一次设备命名及录入规范

一、一次设备录入要求

（1）生产管理信息系统中信息录入齐全，不应有遗漏，具体信息应与实际相符，且满足相关设备技术标准和本规范的要求。

（2）电抗器、电流互感器、电压互感器、避雷器、耦合电容器、穿墙套管、熔断器、阻波器、滤波器和 500kV 分相式主变分相录入外，其他设备均按不分相录入，相别选择"三相"。

（3）设备命名时应使用规范术语，每个设备名称应具有唯一性。

（4）在设备名称中，电压等级单位为"千伏"。

（5）一次设备命名中禁止使用"♯"，若需要使用"♯"的时候全部使用"号"。

（6）命名中使用标点符号及字母应使用半角符号（英文标点），符号与其前后的字符之间不应有空格。如"."."—"."/".":"."（"."）"等。

（7）电流互感器如果是套管式或内置式，名称必须加上"套管"或"内置"两个字，同一位置有多个电流互感器应该加用途信息，如保护、计量电流互感器。

（8）按照内蒙古电力（集团）有限责任公司内电运〔2018〕41 号文件的规定，母线的调度编号采用阿拉伯数字，而一些母线沿用的是旧编码准则，为了保证系统录入台账的准确性，要求系统母线台账信息录入时严格根据母线实际所用调度编码规则录入。若母线调度编号按照要求全部修改为阿拉伯数字；则信息录入的调度编码为阿拉伯数字；若母线用的是旧的编码罗马大写数字，则在信息录入的调度编码为罗马大写数字。

二、变电一次主设备命名规范及示例

1. 变压器

规范：调度编号 ＋"主变"＋（相别）。

示例：1 号主变；

　　　1 号主变 A 相。

2. 站用变

规范：调度编号或位置信息＋"站用变"。

示例：961 站用变；

161 站用变；

1 号站用变。

3. 接地变

规范：调度编号或位置信息＋"接地变"。

示例：1 号接地变；

962 接地变。

4. 电抗器

规范：调度编号或位置信息＋"电抗器"＋（相别）。

示例：331 电抗器 A 相；

3931 串联电抗器 A 相；

951 电抗器 A 相；

包德一线高压并联电抗器 A 相（注：3/2 接线方式时）；

包德一线高压并联电抗器中性点电抗器（注：3/2 接线方式时）。

5. 断路器

规范：调度编号或位置信息＋"断路器"。

示例：5053 断路器；

251 断路器；

121 断路器；

310 断路器。

6. 组合电器

规范：调度编号或位置信息＋"GIS 设备"／"HGIS 设备"。

示例：111GIS 设备；

181GIS 设备；

111HGIS 设备。

7. 隔离开关和接地开关

规范：调度编号或位置信息＋"隔离开关"／"接地开关"。

示例：5011－1 隔离开关；

210 隔离开关；

124－1 隔离开关；

361 隔离开关；

2117 接地开关（刀闸）。

8. 电压互感器

规范：调度编号或位置信息＋"电压互感器"＋（相别）。

示例：1 号主变 500 千伏电压互感器 C 相；

500 千伏 Ⅱ 段母线电压互感器 B 相；

251 电压互感器 C 相；

包德一线电压互感器 A 相（注：3/2 接线方式时）；

981 甲电压互感器 A 相；

981 电压互感器（注：三相五柱式电压互感器）。

9. 电流互感器

规范：调度编号或位置信息＋"电流互感器"＋（相别）。

示例：2 号主变 220 千伏侧套管电流互感器 A 相（注：三相变压器时）；

2 号主变 A 相 220 千伏侧套管电流互感器（注：分相变压器时）；

1 号主变 220 千伏侧电流互感器 B 相（注：三相变压器时）；

1 号主变 B 相 220 千伏侧电流互感器（注：分相变压器时）；

5011 套管电流互感器 A 相；

201 电流互感器 A 相；

314 电流互感器 B 相；

315 计量电流互感器 A 相；

315 保护电流互感器 A 相；

391 不平衡保护电流互感器；

311 内置电流互感器 A 相。

10. 避雷器

规范：调度编号或位置信息＋"避雷器"＋相别（注：中性点避雷器不加相别）。

示例：219 避雷器 C 相；

1 号主变 220 千伏侧避雷器 A 相；

500 千伏 Ⅰ 段母线避雷器 A 相；

力新一线避雷器 A 相（注：3/2 接线方式时）；

9201 避雷器 A 相；

981 避雷器 B 相；

9911 避雷器 C 相；

9911－19 避雷器 A 相；

120 中性点避雷器；

1 号主变 110 千伏侧中性点避雷器。

11．母线

规范：调度编号或位置信息＋"母线"。

示例：500 千伏 I 段母线；

35 千伏 I 段甲母线；

10 千伏旁路母线。

12．电力电缆

规范：调度编号或位置信息＋"电力电缆"。

示例：9102 电力电缆；

361 电力电缆。

13．避雷针

规范：调度编号或位置信息＋"避雷针"。

示例：1 号避雷针。

14．穿墙套管

规范：调度编号或位置信息＋"穿墙套管"＋（相别）。

示例：1 号主变 35 千伏侧穿墙套管 A 相；

10 千伏 I 段母线穿墙套管 C 相；

911 出线穿墙套管 A 相。

15．熔断器

规范：调度编号或位置信息＋"熔断器"＋（相别）。

示例：961 熔断器 A 相；

919 高压熔断器。

16．耦合电容器

规范：调度编号或位置信息＋"耦合电容器"＋（相别）。

示例：153 耦合电容器 A 相；

金额线耦合电容器 A 相；

2251 耦合电容器 A 相下节。

17．阻波器

规范：调度编号或位置信息＋"阻波器"＋相别。

示例：251 阻波器 C 相；

金额线阻波器 A 相。

18．结合滤波器

规范：调度编号或位置信息＋"结合滤波器"＋相别。

示例：152 结合滤波器 B 相；

　　　　　额达线结合滤波器 B 相。

19. 高压开关柜

规范：调度编号或位置信息＋"开关柜"。

示例：911 开关柜；

　　　　　910－1 开关柜；

　　　　　981 计量开关柜。

20. 消弧线圈装置

规范：调度编号或位置信息＋"消弧线圈装置"。

示例：1 号消弧线圈装置；

　　　　　901 消弧线圈装置。

21. 并联电容器装置

规范：调度编号或位置信息＋"并联电容器装置"。

示例：10 千伏 9911 并联电容器装置；

　　　　　35 千伏 1 号并联电容器装置；

　　　　　391 并联电容器装置；

　　　　　991A 并联电容器装置。

22. 放电线圈

规范：调度号或位置信息＋"放电线圈"＋相别。

示例：391 放电线圈 A 相；

　　　　　3911－29 放电线圈 C 相；

　　　　　3931 甲放电线圈 A 相。

23. 中性点接地电阻装置

规范：调度号或位置信息＋"中性点接地电阻装置"。

示例：1 号主变 35 千伏侧中性点接地电阻装置。

24. 接地装置

规范：调度号或位置信息＋"接地装置"。

示例：接地网/接地网干线/接地支线/垂直接地极/主接地网/接地装置。

25. 绝缘子

规范：调度号或位置信息＋"绝缘子"。

示例：110 千伏 I 段母线悬式绝缘子；

　　　　　1011 支柱绝缘子。

第六章

变电一次设备相关信息录入规范

一次设备相关信息包括设备的公共参数和技术参数。公共参数包括设备名称、电压等级、设备型号、生产厂家、出厂日期、投运日期、厂家性质等，技术参数包括使用环境、温度范围、用途分类、绝缘介质等。

一、变电一次主设备分类规范

（1）主变压器类型：油浸式、干式、SF_6式。

（2）站用变类型：油浸式、干式、SF_6式。

（3）接地变类型：油浸式、干式、SF_6式。

（4）电抗器分类：油浸式、干式、SF_6式。

（5）断路器类型：多油式、少油式、真空式、SF_6式。

（6）组合电器类型：气体绝缘金属封闭式开关设备（GIS）、混合气体绝缘开关设备（HGIS）。

（7）电压互感器类型：电容式、电磁式（油浸式、SF_6式、浇注式）、电子式。

（8）电流互感器分类：油浸式、干式电容式、干式浇注式、SF_6式、电子式。

（9）避雷器分类：金属氧化物式、碳化硅阀式。

（10）消弧线圈分类：油浸式、干式。

（11）电力电容器分类：集合式、分散构架式。

（12）穿墙套管类型：纯瓷式、复合干式、充气式。

（13）母线类型：支撑式、悬吊式。

（14）避雷针类型：独立式、架构式。

（15）绝缘子类型：支柱式、悬式。

二、设备生产厂家录入规范

（1）设备生产厂家应严格按照设备铭牌填写；进口产品生产厂家也以铭牌为准，采用英文名称。

（2）设备生产厂家填写时，不应采用常用名称或简称代替，如合肥 ABB 变压器有限公司不能填写为合肥 ABB、ABB（合肥）、合肥 ABB 变压器厂等。

（3）设备生产厂家名称中各个字符的顺序不应颠倒、错误，如特变电工衡阳变压器有限公司不能填写为衡阳特变电工变压器有限公司。

（4）设备生产厂家填写时，不能选用改名后的生产厂家名称，如安徽宏鼎精科互感器有限公司不能填写为安徽宏鼎互感器有限公司。

（5）填写国内生产厂家信息时，"中华人民共和国"或"中国"字段不需要作为设备厂家名称的内容录入，但在填写"厂家性质"时须明确填写"国产"，如铭牌上标示为"中华人民共和国大连北方互感器厂"或"中国大连北方互感器厂"，在设备厂家信息中厂家名称均填录为"大连北方互感器厂"。

（6）设备生产厂家名称不应在设备铭牌标示信息中添加任何内容，包括空格，符号等。

三、设备型号录入规范

（1）设备型号按照设备实际型号填写，大小写区分，并应使用半角输入法录入。

（2）字符之间不能有空格，原型号中的空格用减号"－"代替。

（3）型号中的数值应为标准单位下的数值，如容量单位（kVA）/电压等级单位（kV）/额定电流单位（A）/额定开断电流单位（kA）。

四、电压等级录入规范

一次设备的电压等级按照所在线路的电压等级来填写，一次设备的部件按照主设备的电压等级填写，附属设备一般按照设备实际所用电压等级来填写。

1. 变压器电压等级规范

（1）变压器的电压等级是指电力变压器高电压侧的额定电压。

（2）站用变、电抗器、电流互感器、电压互感器的电压等级选择额定电压。

2. 断路器电压等级规范

（1）断路器的电压等级严格按照设备被安装的地点电压等级来确定。

（2）根据断路器调度编码规则也可以判定出该断路器的电压等级。

一般断路器型号编码规律为：第一个数字表示电压等级，第二/三个数字表示断路器用在什么位置，第三/四个数字表示断路器代表站内同类型设备序列号。注意：500kV 系统开关用四位数字表示，其他电压等级开关用三位数字表示。

断路器调度号开头为 1，一般为 110kV，如 112 断路器、151 断路器等。

断路器调度号开头为 2，一般为 220kV，如 211 断路器、242 断路器等。

断路器调度号开头为 3，一般为 35kV，如线路 325、主进 311、母联 301、电容器 330 等。

断路器调度号开头为 5，一般为 500kV，如 5011 断路器、5003 断路器等。

断路器调度号开头为 6，一般为 66kV，如 661 断路器、612 断路器等。

断路器调度号开头为 8，一般为 20kV，如 851 断路器、8911 断路器等。

断路器调度号开头为 9，一般为 10kV，如 901 断路器、9103 断路器。

建议严格按照设备被安装的地点电压等级来确定。

3. 隔离开关（刀闸）的电压等级

（1）隔离开关的电压等级严格按照设备被安装的地点电压等级来确定。

（2）根据隔离开关的调度编码规则也可以判定该隔离开关的电压等级。

一般隔离开关型号的编码规律为："开关编号" ＋ "刀闸代号"。

"开关编号"中第一位表示电压等级：数字 1 表示 110kV，数字 2 则为 220kV，数字 3 则为 35kV，数字 5 则为 500kV，数字 6 则为 66kV，数字 9 则为 10kV。第二/三位表示所属开关编号，第三/四位表示开关序号。

最后一位一般表示开关对应的刀闸的代号：0 表示中性点接地刀闸，1 表示接 1M 号的刀闸，2 表示接 2M 号的刀闸，6 表示线路出线刀闸、主变刀闸，7 表示接地刀闸，8 表示避雷器刀闸，9 表示电压互感器刀闸。

根据编码规律的第一位可以确定隔离开关的电压等级。

4. 套管、消弧线圈装置、并联电容器装置、避雷器的电压等级

套管、消弧线圈装置、并联电容器装置、避雷器的电压等级按照设备被安装的地点电压等级来确定。

五、相别录入规范

500kV 分相式主变、电抗器、电流互感器、电压互感器、避雷器、耦合电容器、穿墙套管、熔断器、阻波器、滤波器分相录入，录入相别选择"单相"；其他设备均按三相录入，相别选择"三相"。

六、污区等级

1. 污区等级划分

本标准污秽等级从轻到重分为 5 个等级：A 级表示非常轻、B 级表示轻、C 级表示中等、D 级表示重、E 级表示非常重。

2. 设备污区等级确定

设备污区等级按照设备所在变电站的污区等级来确定，而变电站的污区等级严格按照《内蒙古电力系统污区分布图》来确定。

线路的污区等级按照线路所在区域的污区等级来确定，当线路跨越多个区域时，线路的污区等级按照污染等级最高的污区等级来确定。

七、技术参数录入规范

（1）技术参数录入时应按照数据类型录入为数字型或字符型。对于有计量单位的

参数，需要严格按照指定的单位填写。填写时，英文字符的大小写格式应与相关技术标准规范或技术资料相符，如某种合成绝缘子型号为：FXBW4-220/100。

（2）因字符"$\sqrt{3}$"在 MIS 系统中无法输入，在录入时统一以"$\sqrt{3}$"代替。其他类似字符如"$\sqrt{2}$"可参考执行。

（3）技术参数录入严格按照《内蒙古电网一次设备技术参数规范》执行。技术参数表中的必填项必须填写正确、完备。

（4）部分技术参数可以参考下面（5）设备通用型号含义进行填写。

（5）设备通用型号含义。设备型号分为设备全型号和设备基本型号，设备全型号包括设备相关的所有特征参数，而设备基本型号仅涉及主要参数。设备通用型号含义是尽量按照全型号说明设备的一些信息。

1）变压器型号含义。变压器型号通常由表示相数、冷却方式、调压方式、绕组线芯等材料符号，以及变压器容量、额定电压、绕组连接方式组成，表达形式为：

$$[1][2][3][4][5][6][7][8][9][10][11]-[12]-[13]/[14][15]$$

第 1 个字符表示绕组耦合方式：O 为自耦；独立方式不标。

第 2 个字符表示相数：S 为三相，D 为单相。

第 3 个字符表示绕组绝缘介质：变压器油不标；G 为空气（干式）；Q 为气体；C 为浇注式；CR 为包绕式；R 为高燃点绝缘液体；W 为植物油。

第 4 个字符表示绝缘系统温度：分油浸式和干式表示。油浸式：不标的为 105℃；E 为 120℃；B 为 130℃；F 为 155℃；H 为 180℃；D 为 200℃；C 为 220℃。干式：E 为 120℃；B 为 130℃；不标的为 155℃；H 为 180℃；D 为 200℃；C 为 220℃。

第 5 个字符表示冷却装置种类：自然循环冷却装置不标；F 为风冷却器；S 为水冷却器。

第 6 个字符表示油循环方式：自然循环不标；P 为强迫循环。

第 7 个字符表示绕组数：双绕组不标；S 为三绕组；F 为分裂绕组。

第 8 个字符表示调压方式：无载调压不标；Z 为有载调压。

第 9 个字符表示线圈导线材质：铜线不标；B 为铜箔；L 为铝线；LB 为铝箔；TL 为铜铝组合；DL 为电缆。

第 10 个字符表示铁芯材质：电工钢不标；H 表示非晶合金。

第 11 个字符表示损耗水平代号。

第 12 个字符表示特殊用途或特殊结构：M 为密封式；T 为无励磁调容用；ZT 为有载调容用；CY 为发电厂和变电所用；J 为全绝缘；LC 为同步电机励磁用；D 为地下用；F 为风力发电用；F（H）为海上风力发电用；H 为三相组合式；JT 为解体运输；K 为内附串联电抗器；G 为光伏发电用；ZN 为智能电网用；1E 为核岛用；JC 为

电力机车用；GZ 为高过载用；R 为卷绕铁芯一般结构；RL 为卷绕铁芯立体结构。

第 13 个字符表示变压器容量，单位为千伏安（kVA）。

第 14 个字符表示变压器使用电压等级，单位为千伏（kV）。

第 15 个字符表示特殊使用环境代号。

例如，SF11 - 20000/110 表示三相、油浸式、绝缘系数温度为 105℃、风冷、双绕组、无励磁调压、铜导线、铁芯材质为电工钢、损耗水平代号为 11、20000kVA、110kV 级电力变压器；SCB10 - 500/10 表示三相、浇注式、绝缘系统温度为 155℃、自冷、双绕组、无励磁调压、高压绕组采用铜导线、低压绕组采用铜箔、铁芯材质为电工钢、损耗水平代号为 10、500kVA、10kV 级干式电力变压器。

2）站用变型号含义。站用变与主变压器型号类似，表达形式为：

[1][2]-[3]-[4]/[5][6]

第 1 个字符表示产品型号（参考电力变压器的参数含义）。

第 2 个字符表示损耗水平代号。

第 3 个字符表示特殊用途或特殊结构代号（如不是特殊用途或特殊结构，不用表示）。

第 4 个字符表示额定容量：单位为千伏安（kVA）。

第 5 个字符表示系统标称电压：单位为千伏（kV）。

第 6 个字符表示特殊使用环境代号。

3）接地变型号含义。接地变压器、消弧线圈的型号形式可参考变压器型号的含义，当接地变压器带有二次绕组时，其产品型号中的"额定容量"用"S1/S2"来表示，其中 S1 为由额定电压与额定中性点电流计算所得的中性点电流容量，S2 为额定二次容量。S1 通常为消弧线圈的标准值或优先值，S2 通常为配电变压器的标准值或优先值，单位均为千伏安（kVA）。

4）电抗器型号含义。电抗器型号表达形式为：

[1][2][3][4][5][6][7][8]-[9]/[10]-[11][12]

第 1 个字符表示型式：BK 为并联电抗器；CK 为串联电抗器；EK 为轭流式饱和电抗器；FK 为分裂电抗器；LK 为滤波电抗器（调谐电抗器）；NK 为混凝土电抗器；JK 为中性点接地电抗器；QK 为起动电抗器；ZK 为自饱和电抗器；TK 为调幅电抗器；XK 为限流电抗器；YK 为试验用电抗器；HK 为平衡电抗器；DK 为接地变压器（中性点耦合器）；PK 为平波电抗器；GK 为功率因数补偿电抗器；XH 为消弧线圈。

第 2 个字符表示相数：S 为三相，D 为单相。

第 3 个字符表示绕组外绝缘介质：变压器油不标；G 为空气（干式）；C 为成型固体。

第 4 个字符表示冷却装置种类：自然循环冷却装置不标；F 为风冷却器；S 为水冷却器。

第 5 个字符表示油循环方式：自然循环不标；P 为强迫循环。

第 6 个字符表示结构特征：铁芯不标；K 为空心；KP 为空心磁屏蔽；B 为半心；BP 为半心磁屏蔽。

第 7 个字符表示线圈导线材质：铜线不标；L 为铝线。

第 8 个字符表示特性：一般型不标；D 为自动跟踪；Z 为有载调压；WT 为交流无级可调节；YT 为交流有级可调节；ZT 为直流无级可调节；T 为其他可调节。

第 9 个字符表示额定容量，单位为千乏（kvar）。

第 10 个字符表示系统标称电压，单位为千伏（kV）。

第 11 个字符表示并联电抗器：中性点标称电压，单位为千伏（kV）；串联电抗器：电抗率，％。

第 12 个字符表示特殊使用环境代号。

例如：CKDGKL－500/66－6 表示单相、干式、空心、自冷、铝导线、额定容量为 500kvar、系统标称电压为 66kV、电抗率为 6％的串联电抗器；BKDFPYT－50000/500 表示单相、交流有级可调节、油浸式、风冷、强迫油循环、额定容量为 50000kvar、系统标称电压为 500kV 的可控并联电抗器。

5）断路器型号含义。断路器型号表达形式为：

[1][2][3][4]－[5][6][7]/[8][9]－[10][11]

第 1 个字符表示产品名称：D 为断路器。

第 2 个字符表示灭弧介质和/或使用场所等：其中 Y 为油；K 为空气；Z 为真空；L 为 SF_6；N 为户内；W 为户外。

第 3 个字符表示设计序号：按产品型号证书发放的先后顺序用阿拉伯数字表示，由型号颁发单位统一编排。

第 4 个字符表示改进产品序号：在原型号的设计序号之后，按改进的先后顺序用 A、B、C、…表示，由型号颁发单位统一编排。

第 5 个字符表示额定电压：单位为 kV。

第 6 个字符表示一般派生产品标志：D 为带接地开关的断路器。

第 7 个字符表示特殊派生标志。表示特殊使用条件的派生产品标志，用括号加大写字母表示：（TH）为湿热带地区；（TA）为干热带地区；（N）为凝露地区；（W）为污秽地区；（G）为高海拔地区；（H）为严寒地区；（F）为化学腐蚀地区，等等。

第 8 个字符表示操动机构类别：T 为弹簧的；D 为电磁的；Y 为液压的；Q 为气

动的；Z 为重锤的；J 为电动机的；S 为人力的。

第 9 个字符表示规格参数：表示断路器的额定电流，单位为 A。

第 10 个字符表示特征参数：表示其额定短路开断电流，单位为 kA。

第 11 个字符表示企业自定符号。

6）组合电器型号含义。组合电器型号表达形式为：

$$[1]/[2][3]-[4]$$

第 1 个字符表示组合电器类型：ZF 为封闭式组合电器；ZH 为复合式组合电器；ZC 为敞开式组合电器。

第 2 个字符表示操动机构类别：T 为弹簧；D 为电磁；Y 为液压；Q 为气动；Z 为重锤；J 为电动机；S 为人力。

第 3 个字符表示高压成套装置的额定电流：单位为安（A）。

第 4 个字符表示高压成套装置的额定短路开断电流或额定短时耐受电流的值：单位为千安（kA）。

7）电流互感器型号含义。一般来说，国产电流互感器型号表达形式为：

$$[1][2][3][4][5][6][7][8][9][10]-[11][12]$$

第 1 个字符表示型式：L 为（电磁式）电流互感器；LE 为电子式电流互感器。

第 2 个字符表示用途：LL 为直流电流互感器；LP 为中频电流互感器；LX 为零序电流互感器；LS 为速饱和电流互感器。

第 3 个字符为电子式电流互感器的输出型式：模拟量输出不标；N 为数字量输出；A 为模拟量与数字量混合输出。

第 4 个字符表示电子式电流互感器型式：电磁原理不标；G 为光学原理。

第 5 个字符表示结构型式：电容型绝缘不标；A 为非电容型绝缘；R 为套管式（装入式）；Z 为支柱式；Q 为线圈式；F 为贯穿式（复匝）；D 为贯穿式（单匝）；M 为母线式；K 为开合式；V 为倒立式；H 为 SF_6 气体绝缘配组合电器用。

第 6 个字符表示绝缘特征：油浸绝缘不标；G 为干式（合成薄膜绝缘或空气绝缘）；Q 为气体绝缘；K 为绝缘壳；Z 为浇注成型固体绝缘。

第 7 个字符表示功能：不带保护级不标；B 为保护用；BT 为暂态保护用。

第 8 个字符表示结构特征：C 为手车式开关柜用；D 为带触头盒。

第 9 个字符表示安装场所（仅使用于户外用的环氧树脂浇注产品）：（W）为户外。

第 10 个字符表示设计序号。

第 11 个字符表示额定电压，单位为千伏（kV）。

第 12 个字符表示特殊使用环境代号。

例如，LMZ-10 表示母线式、浇注成型固体绝缘、10kV 级电流互感器。

8）电压互感器型号含义。

a. 一般电压互感器（不包括电容式电压互感器）型号表达形式为：

$$[1][2][3][4][5][6][7][8]-[9][10]$$

第1个字符表示型式：J为电磁式电压互感器；JE为电子式电压互感器。

第2个字符表示用途：JZ为直流电压互感器；JP为中频电压互感器。

第3个字符为电子式电压互感器的输出型式：模拟量输出不标；N为数字量输出；A为模拟量与数字量混合输出。

第4个字符表示电子式电压互感器型式：电磁原理不标；G为光学原理。

第5个字符表示相数：D为单相；S为三相。

第6个字符表示绝缘特征：油浸绝缘不标；G为干式（合成薄膜绝缘或空气绝缘）；Q为气体绝缘；Z为浇注成型固体绝缘。

第7个字符表示结构型式：一般结构不标；X为带剩余（零序）绕组；B为三柱带补偿绕组；W为五柱三绕组；C为串级式带剩余（零序）绕组；F为有测量和保护分开的二次绕组；H为SF_6气体绝缘配组合电器用；R为高压侧带熔断器；V为三相V联结。

第8个字符表示性能特征：普通型不标；K为抗铁磁谐振。

第9个字符表示安装场所（仅使用于户外用的环氧树脂浇注产品）：（W）为户外。

第10个字符表示特殊使用环境代号。

例如，JDCF-110W1表示单相、油浸式、串级式带剩余（零序）绕组、有测量和保护分开的双二次绕组、适用于Ⅱ级污染地区、110kV级电压互感器。

b. 电容式电压互感器型号表达形式为：

$$[1][2][3]-[4]/[5][6]$$

第1个字符表示型式：T为成套装置；YD为电容式电压互感器。

第2个字符表示绝缘特征：油浸绝缘不标；Q为气体绝缘。

第3个字符表示设计序号。

第4个字符表示额定电压，单位为千伏（kV）。

第5个字符表示额定电容，单位微法（μF）。

第6个字符表示特殊使用环境代号。

例如，TYD220$\sqrt{3}$-0.005表示单相、油浸式、额定电压为220$\sqrt{3}$kV、额定电容量为0.005μF的电容式电压互感器。

9）隔离开关和接地开关型号含义。一般隔离开关和接地开关型号表达形式为：

$$[1][2][3]-[4]/[5]-[6]$$

第1个字符表示开关类型：G为隔离开关；J为接地开关。

第 2 个字符表示放置位置：N 为户内式；W 为户外式。

第 3 或 4 个字符表示设计序号或额定电压：单位为千伏（kV）。

第 5 或 6 个字符表示设备附属信息：K 为带快分装置；G 为改进型；D 为带接地刀闸。

"/"后数字表示额定电流：单位为安（A）。

如 GN19 - 12/S400 - 12.5 含义为：额定电压 12V，额定电流 400A，额定短时耐受电流 12.5kA。

10）避雷器型号含义。一般避雷器型号表达形式为：

$$[1][2][3][4][5]-[6]/[7]$$

第 1 个字符表示外套类型：H 为复合外套。

第 2 个字符表示避雷器类型：Y 为氧化锌避雷器。

第 3 个字符表示标称放电电流。

第 4/5 个字符表示：W 为无间隙，Z 为电站型，S 为配电型。

第 6 个字符表示额定电压：单位为千伏（kV）。

第 7 个字符表示雷电冲击残压：单位为千伏（kV）。

如 Y10W2 - 200/520 含义为：Y 表示氧化锌避雷器，10 表示标称放电电流，W 表示无间隙，2 表示设计序号，200 表示避雷器的额定电压，520 表示在标称放电电流下的最大残压。

11）消弧线圈型号含义。接地变压器、消弧线圈的型号形式可参考变压器形式，当接地变压器带有二次绕组时，其产品型号中的"额定容量"用"S1/S2"来表示，其中 S1 为由额定电压与额定中性点电流计算所得的中性点电流容量，S2 为额定二次容量。S1 通常为消弧线圈的标准值或优先值，S2 通常为配电变压器的标准值或优先值，单位均为千伏安（kVA）。

12）电力电容器型号含义。电力电容器产品全型号表达形式为：

$$[1][2][3][4][5][6]-[7][8][9]-[10][11][12]$$

第 1 个字符表示系列代号：包括 A（交流滤波电容器）、AP（直流输电用交流 PLC 滤波电容器）、B（并联电容器）、C（串联电容器）等。

第 2 个字符表示浸渍介质代号：包括 A（卡基甲苯、SAS 系列）、B（异丙基联苯）、C（蓖麻油）、D（氮气）、K（空气）、L（SF_6）等。

第 3 个字符表示极间主介质代号：包括 D（氮气）、F（膜纸复合）、L（SF_6）、M（全膜）、MJ（金属化膜）。

第 4 个字符表示结构代号。

第 5 个字符表示设计序号。

第 6 个字符表示改进序号。

第 7 个字符表示第一特征号：表示电容器的额定电压，单位为 kV。

第 8 个字符表示第二特征号：表示电容器的额定容量或额定电容，额定容量的单位为千乏（kvar），额定电容量的单位为微法（μF）［Y 和 J 系列产品的单位为皮法（pF）］。对于三相电容器，其额定容量为三相容量的总和；对分相电容器，其容量以每组额定容量相加表示。

第 9 个字符表示第三特征号：用以表示电容器相数、频率。①用以表示并联、串联、交流滤波电容器的相数：1 表示单相；3 表示三相。②用以表示感应加热装置用电容器的额定频率，单位为千赫（kHz）（注：对于内部为 III 形连接的三个独立相电容器，相数以"1×3"表示）。

第 10 个字符表示派生产品标志。

第 11 个字符表示特殊使用条件产品标志。

第 12 个字符表示企业标识等组成。

为简便起见，一般情况下可只标明产品的基本型号。仅当产品的基本型号不足以表明产品特征或特征参数而可能发生混淆时，应标明产品的全型号。

产品基本型号由系列代号、浸渍介质代号、极间主介质代号、结构代号、设计序号、第一特征号、第二特征号、第三特征号组成。

13）穿墙套管型号含义。穿墙套管型号中字母含义如下：

C——户内铜导体穿墙套管；

CL——户内铝导体穿墙套管；

CWL——户外-户内铝导体穿墙套管；

CB——户内圆导杆穿墙瓷套管；

CWB——户外-户内圆导杆穿墙瓷套管；

B——抗弯破坏负荷等级；

CLB——户内铝导体穿墙套管（加强型）；

CWLB——户外-户外铝导体穿墙套管（加强型）；

CW——户外-户内铜导体穿墙套管；

CWWL——户外-户内耐污型铝导体穿墙套管；

CWW——户外-户内耐污型铜导体穿墙套管；

CM——户内母线穿墙套管；

CMW——户外母线穿墙套管；

CMWW——户外-户内耐污型铜导体穿墙套管。

字母后数字为设计顺序号。

对带导体套管，短横线后分数的分子表示：套管额定电压，单位为千伏（kV）；

Q 表示大爬距。分数的分母表示：套管额定电流，单位为安培（A）。第二个短横线后数字为污秽等级号。第三个短横线后字母 G 表示高原型。

对母线式套管，字母后第一个短横线后数字为额定电压，单位为千伏（kV）；第二个短横线后数字为套管瓷套内径直径，单位为毫米（mm）；第三个短横线后数字为污秽等级号。

如型号 CWWL－35/630－3 含义为：35kV 电压、630A 电流、户外-户内耐污型铝导体穿墙套管，适用于 3 级污区。

14）母线型号含义。网内常用硬母线分以下几种：

a. 铜质硬母线，即铜排：TMY（T 为铜、M 为母线、Y 为硬质）。

b. 铝质硬母线，即铝排：LMY（L 为铝）。

c. 铜铝复合硬母线，即铜覆铝排：TLMY（TL 为铜铝）。

d. 钢质硬母线：GMY（G 为钢）。

母线型号表达形式为：

$$TMY-A*(B*C)+D*E$$

TMY——铜母线（排）；

A——一般为 3，代表火线（A、B、C 三相），如果为 4，代表 A、B、C 三相及 N（零排）；

B*C——铜排型号，如 40*4，代表 40*4 的铜排；

D*E——铜排型号，如 40*4，代表 40*4 的铜排（这是零排规格 N）。

15）绝缘子型号含义。一般来说，旧产品型号表达形式为：

$$[1][2][3]-[4][5]-[6]$$

第 1 个字符表示产品型号；

第 2 个字符表示结构特征；

第 3 个字符表示设计顺序号；

第 4 个字符表示特征数字；

第 5 个字符表示安装与连接形式代号；

第 6 个字符表示附加特征代号。

新产品型号（以盘形悬式瓷或玻璃绝缘子串元件为例）表达形式为：

$$[1][2][3][4]/[5][6][7]-[8]$$

第 1 个字符表示型式代号；

第 2 个字符表示规定机电或机械破坏负荷（SFL）等级，单位为千牛（kN）；

第 3 个字符表示金属附件的连接型式；

第 4 个字符表示结构高度等级，单位为毫米（mm）；

第 5 个字符表示公称爬电距离，单位为毫米（mm）；

第 6 个字符表示伞形结构；

第 7 个字符表示连接标记；

第 8 个字符表示设计序号。

（6）输电线路常用架空导线型号含义。架空输电线路的导线是用来传导电流、输送电能的元件。网内常用架空线路为钢芯铝绞线。

1）GB 1179—74 标准中的表示方法。型号中数字表示铝绞线标称截面。

常用的型号及意义如下：

LGJ——钢芯铝绞线；

LGJQ——轻型钢芯铝绞线；

LGJJ——加强型钢芯铝绞线。

如 LGJ - 400 中的 400 表示钢芯铝绞线标称截面为 $400mm^2$。

2）GB 1179—83 标准中的表示方法。型号中的数字表示铝绞线标称截面/钢绞线标称截面。

常用的型号及意义如下：

LGJ——钢芯铝绞线；

LGJF——防腐性钢芯铝绞线。

如 LGJ - 400/35 中的 400 表示钢芯铝绞线中的铝绞线的标称截面为 $400mm^2$，35 表示钢芯铝绞线中的钢绞线的标称截面为 $35mm^2$。

钢芯铝绞线的老型号具体参数可以参见标准 GB 1179—74、GB 1179—83。

3）GB 1179—1999 与 GB 1179—2008 标准中的表示方法。型号中的数字表示铝绞线标称截面/钢绞线标称截面－铝绞线结构根数/钢绞线结构根数。

常用的型号及意义如下：

JL/G1A、JL/G1B、JL/G2A、JL/G2B、JL/G3A——钢芯铝绞线；

JL/G1AF、JL/G2AF、JL/G3AF——防腐性钢芯铝绞线；

G1A、G1B——普通强度钢线（单线金属的电阻率为 191.57nΩ·m，对应于 9％ IACS）；

G2A、G2B——高强度钢线（单线金属的电阻率为 191.57nΩ·m，对应于 9％ IACS）；

G3A——特高强度钢线（单线金属的电阻率为 191.57nΩ·m，对应于 9％IACS）。

如 JL/G1A - 400/35 - 54/7 中的 400 表示钢芯铝绞线中的铝绞线的标称截面为 $400mm^2$；35 表示钢芯铝绞线中的钢绞线的标称截面为 $35mm^2$；54 表示钢芯铝绞线中的铝绞线的根数为 54 根；7 表示钢芯铝绞线中的钢绞线的根数为 7 根。

第七章

设备的部件/附属设备及录入规范

一、部件/附属设备命名规范

（1）规范格式："主设备名称" + "部件/附属设备名称"。

（2）在"设备基本信息"栏内的电压等级应按照主设备的电压等级进行选择，不得选择附属设备/部件的自身电压，该附属设备自身电压应填写在"技术参数"中额定电压栏。

二、部件/附属设备命名示例

1. 变压器的部件/附属设备命名规范示例

示例如下：

1号主变本体储油柜；

1号主变 A 相本体储油柜；

1号主变 A 相有载调压储油柜；

1号主变油泵；

1号主变 A 相油泵；

1号主变风冷却器；

1号主变 A 相风冷却器；

2号主变 A 相本体气体继电器；

2号主变 A 相有载分接开关；

2号主变 A 相绕组温度计；

2号主变 A 相压力释放装置；

2号主变 A 相油面温度计1；

2号主变 A 相在线滤油机。

2. 断路器的部件/附属设备命名规范示例

示例如下：

251 断路器液压操作机构；

391 断路器弹簧操作机构；

5011 断路器气动弹簧操作机构；

2511 断路器电动操作机构；

251617 断路器手动操作机构。

3. 套管命名规范示例

示例如下：

1 号主变 220kV 侧套管 A 相（注：三相变压器）；

1 号主变 A 相 500kV 侧套管（注：分相变压器）；

1 号主变 A 相中性点套管（注：分相变压器）；

3 号主变 A 相 35kV 侧套管 a 端（注：分相变压器）；

包德一线高压并联电抗器 A 相 500kV 侧套管（注：3/2 接线方式）；

包德一线高压并联电抗器 A 相中性点套管（注：3/2 接线方式）；

包德一线高压并联电抗器中性点电抗器套管（注：3/2 接线方式）；

255 电抗器中性点侧套管 B 相。

三、设备的部件/附属设备

1. 主变压器、站用变、接地变的部件/附属设备

主变压器、站用变、接地变包含的部件/附属设备如下：套管、储油柜、油泵、风冷却器、在线净油装置、压力释放装置、气体继电器、分接开关、温度计、套管电流互感器及端子箱等。注意：油泵和冷却装置只需在每台变压器下建立一个部件即可。

分类选择如下：

（1）套管：分类/资产/变电设备/变电一次设备/套管。

（2）储油柜、油泵、风冷却器、在线滤油机、压力释放装置、气体继电器、分接开关等：分类/资产/变电设备/附属设备/储油柜（油泵、风冷却器、在线净油装置、压力释放装置、气体继电器、分接开关）。

（3）温度计、套管电流互感器及端子箱等：系统中找不到具体分类的附属设备，分类录为"分类/资产/变电设备/附属设备/其他附属设备"。

2. 电抗器的部件/附属设备

电抗器包含的部件/附属设备如下：套管、储油柜、油泵、压力释放装置、气体继电器、温度计、套管电流互感器、散热片及端子箱等。注意：附属设备中的油泵和散热片只需在每台电抗器下建立一个部件。

分类选择如下：

（1）套管：分类/资产/变电设备/变电一次设备/套管。

（2）储油柜、油泵、压力释放装置、气体继电器等：分类/资产/变电设备/附属设备/储油柜（油泵、压力释放装置、气体继电器）。

（3）温度计、套管电流互感器、散热片及端子箱等：系统中找不到具体分类的附属设备，分类录为"分类/资产/变电设备/附属设备/其他附属设备"。

3. 断路器的部件/附属设备

断路器包含的部件/附属设备如下：气动操作机构（气动操作机构、液压弹簧操作机构、弹簧操作机构、液压操作机构、电磁操作机构）、真空泡、瓷套等。注意：每台断路器只需建立一个操作机构即可。

分类选择如下。

（1）气动操作机构："分类/资产/变电设备/附属设备/操作机构/气动操作机构"。

（2）液压弹簧操作机构："分类/资产/变电设备/附属设备/操作机构/液压弹簧操作机构"。

（3）弹簧操作机构："分类/资产/变电设备/附属设备/操作机构/弹簧操作机构"。

（4）液压操作机构："分类/资产/变电设备/附属设备/操作机构/液压操作机构"。

4. 并联电容器装置的部件/附属设备

并联电容器装置包含的部件/附属设备如下：电力电容器、电抗器、避雷器、隔离开关和接地开关、放电线圈、支柱绝缘子。

5. 消弧线圈装置的部件/附属设备

消弧线圈装置包含的部件如下：油浸式或干式接地变、油浸或干式消弧线圈、油浸或干式电压互感器、避雷器、隔离开关。

消弧线圈装置包含的附属设备如下：分接开关、阻尼电阻、零序电流互感器、负荷开关、电容单元。

6. 隔离开关的部件/附属设备

隔离开关包含的部件如下：支柱绝缘子。

隔离开关包含的附属设备如下：操作机构、接地刀闸（非专用）等。

7. 组合电器（GIS/HGIS）的部件/附属设备

GIS包含的部件如下：管型母线、SF_6断路器、隔离开关和接地开关、SF_6电压互感器、SF_6电流互感器、金属氧化物避雷器。

HGIS包含的部件如下：SF_6断路器、隔离开关和接地开关、电流互感器（或SF_6断路器、隔离开关和接地开关、电流互感器，电压互感器）。

GIS/HGIS包含的附属设备如下：操动机构、套管、控制柜、其他附属设备等。

8. 电压互感器的部件/附属设备

电压互感器包含的部件/附属设备如下：膨胀器（油位指示器）、一次消谐装置、SF_6压力表（密度继电器）等。

9. 电流互感器的部件/附属设备

电流互感器包含的部件/附属设备如下：膨胀器（油位指示器）、SF_6压力表（密度继电器）等。

10. 避雷器的部件/附属设备

避雷器包含的部件/附属设备如下：泄漏电流在线监测表（放电计数器）等。

11. 母线的部件/附属设备

母线包含的部件如下：支柱绝缘子、悬式绝缘子。

母线包含的附属设备如下：盆式绝缘子（组合电器内部）。

12. 电力电缆的部件/附属设备

电力电缆包含的部件/附属设备如下：电缆终端、护层避雷器、交叉互联箱、电缆终端接地箱等。

13. 高压开关柜的部件/附属设备

高压开关柜包含的部件如下：真空或少油断路器、隔离开关/小车、干式电流互感器、干式或油浸电压互感器、金属氧化物避雷器、油浸或干式站用变、熔断器、电力电缆等。

高压开关柜包含的附属设备如下：零序电流互感器、过电压保护器（含计数器）、一次消谐电阻、加热驱潮装置、带电显示器等。

14. 中性点接地电阻装置的部件/附属设备

中性点接地电阻装置包含的部件/附属设备如下：电流互感器、电阻器、隔离开关等。

第八章

输电线路台账录入规范

一、输电线路录入规范

（1）输电主干线台账应在变电站出线间隔下建立，其他输电设备台账应在输电主干线下建立，并遵循下表所示的录入原则进行录入。输电线路录入原则见表2-8-1。

表2-8-1　　　　　　　　　　输电线路录入原则

序号	设备类型	录 入 原 则
1	架空线路	不分相整条录入
2	导线	不分相，导线股数为单根导线股数
3	地线	每根地线分别录入
4	杆塔	不分相，对于同塔多回线路每条线均要录入
5	绝缘子	不分相，耐张串，直线串，跳线串选择录入
6	金具	分类别和分位置分别录入
7	拉线	分位置分别录入
8	附属设施	附属设施按位置分别录入

（2）对于拉线金具，系统不需要单独进行设备台账的维护。

（3）杆塔挡距要求在小号侧杆塔录入，即♯5杆塔的挡距是♯5～♯6杆塔之间的挡距。

二、输电线路命名规范及示例

（1）输电设备台账中线路的命名采用"线路名称＋线/回"的方式。

（2）线路名称中的序号采用罗马数字或者阿拉伯数字。示例如下：沙永Ⅰ回、古石Ｔ园线。

三、输电线路主设备/附属设备

1. 架空输电线路

（1）主部件包括杆塔、基础、金具、导线、地线、拉线、绝缘子。

（2）附属设施包括耦合地线、避雷器、避雷针、防坠装置、防舞动装置、防鸟装置、接地挂环、故障标示器、标志牌、清扫环、航巡指示器、航空障碍装置、警示牌等。

2. 电缆输电线路

（1）主部件包括电缆本体、电缆终端头、电缆中间接头。

（2）附属设施包括电缆分支箱、电缆接地箱、电缆交叉互联箱、避雷器、过电压保护器、故障指示器、其他附属设施等。

3. 混合输电线路

混合输电线路包括架空段和电缆段。架空段参考架空输电线路设备规范，电缆段参考电缆输电线路设备规范。

4. T 线接线

所属同一线路性质上 T 线接线的接入情况：如果接入了 T 线，则显示在页面的特定区域中；若没有接入 T 线则不显示。

5. 并架线路

并架线路是指杆塔上并行的两条线路，它们属于同一线路类型。

四、线路录入规范

1. 输电线路录入规范

输电线路录入规范见表 2-8-2。

表 2-8-2　　　　　　　　　输电线路录入规范

项　目	录入类型	选择录入内容	录　入　规　范
线路名称	手工录入		按照线路名称录入。示例："春百Ⅰ线"
线路性质	选择录入	主干线，T接线	
线路类型	选择录入	架空线路，混合线路，电缆线路	
电压等级	选择录入	500kV，220kV，110kV，35kV	
设计电压等级/kV	手工录入		
额定电流/A	手工录入		
电流性质	选择录入	交流，直流	
所属调度	选择录入	中调，地调，网调	按照设备调度管辖权限录入
线路起点描述	选择录入		
线路终点描述	选择录入		
终点侧开关编号	选择录入		
所属主干线	选择录入		如没有主干线，不能填写，禁止填写自身
是否代维	选择录入	是，否	架空线路的资产单位同时也是运维单位的，选择"是"；否则，选择"否"

项 目	录入类型	选择录入内容	录 入 规 范
运行负荷限额/A	手工录入		按照所属各级生产管理部门文件要求录入。示例："840"；单位："A"
资产性质	选择录入		
运行状态	自动生成		
线路编号	手工录入		按照调度命名编号录入。示例："5322"
设计电压等级	选择录入	500kV，220kV，110kV，35kV	
投运日期	选择录入	时间控件选择	按照设备最早投运日期选择。示例："2011－09－06"
建设日期	选择录入	时间控件选择	按照开工日期选择。示例："2011－09－06"
线路全长/km	自动生成	通过杆塔挡距计算线路长度	架空线路属于共管线路的，其长度应该填写在"本单位管辖－其中电缆长度"；属于单位管辖线路的，其长度应该填写在"本单位管辖－线路长度"。当线路属于混合线路的，其长度应填写电缆段总长度
最大允许电流/A	手工录入		按照设计校核数据录入。示例："600"；单位："A"
线路起始杆塔号	手工录入		按照实际填写
线路终止杆塔号	手工录入		按照实际填写
起点侧开关编号	选择录入		
线路换位情况	选择录入	不换位，全循环换位，半循环换位	按照实际选择
色别标志	手工录入		按照实际填写
光缆类别	选择录入	自承式（ADSS），复合地线光缆（OPGW），OPPC，缠绕式光缆（WWOP）	
线路区域码	选择录入	本市（局）级公司管辖范围内线路，跨地市（局）公司线路，跨网省，跨网	按照实际选择
资产归属单位类型	选择录入	省公司，县公司，用户	按照实际填写照
资产编号	自动生成		从ERP自动生成
资产归属单位	手工录入		按照实际填写
检修单位	手工录入		按照实际填写

2. 导线录入规范

导线录入规范见表 2-8-3。

表 2-8-3　　　　　　　导　线　录　入　规　范

项　目	录入类型	选择录入内容	录　入　规　范
所属线路	手工录入		按照实际填写
杆塔运行编号	手工录入		按照实际填写
导线类别	选择录入	合金类绞线，绝缘导线，轻型钢芯铝绞线，钢芯铝绞线，铝包钢类绞线	按照实际选择
规格型号	手工录入		示例：LGJ-150/25
生产厂家	手工录入		按照实际填写
投运日期	选择录入		按照设备最早投运日期选择。示例："2011-09-06"
导线分裂方式	选择录入	八分裂，六分裂，单导线，双分裂，四分裂	按照实际选择
导线根数	手工录入		按照实际填写。示例："1""2""4"
铝线股数	手工录入		按照出厂资料录入，钢芯铝绞线需要填写铝绞线和钢绞线股数。示例："19""19（7）"
导线压接方式	选择录入	液压，爆压，螺栓，钳压，全张力预绞丝	按照实际选择
面向号侧	选择录入	大号侧，小号侧	按照实际选择

3. 地线（避雷线）录入规范

地线（避雷线）录入规范见表 2-8-4。

表 2-8-4　　　　　　　地线（避雷线）录入规范

项　目	录入类型	选择录入内容	录　入　规　范
所属线路	手工录入		按照实际填写
杆塔运行编号	手工录入		按照实际填写
避雷线类别	选择录入	光纤复合架空地线，钢芯铝绞线，铝包钢类绞线，铝镁合金钢绞线，镀锌钢绞线	按照线路的实际录入
地线根数	选择录入	普通，分流，OPGW	按照设计资料实际选择。示例："OPGW"
规格型号	手工录入		按照出厂资料选择。示例："GJ-50"

续表

项 目	录入类型	选择录入内容	录 入 规 范
安装位置	选择录入	双线，左线，右线，单线，耦合地线	按照实际选择
设计保护角	手工录入		按照设计资料填写
生产厂家	手工录入		按照实际填写
投运日期	选择录入		按照设备最早投运日期选择。示例："2013-11-11"
根数	手工录入		按照实际录入。示例："0""1""2"
地线股数	手工录入		按照出厂资料录入，钢芯铝绞线需要录入铝绞线和钢绞线股数。示例："19""19（7）"
是否绝缘	选择录入	是，否	按照竣工验收资料选择
放电间隙/mm	手工录入		按照竣工验收资料录入。示例："12"
压接方式	选择录入	液压，爆压，螺栓，钳压，全张力预绞丝	按照实际选择

4. 杆塔录入规范

杆塔录入规范见表2-8-5。

表2-8-5　　　　　　　杆 塔 录 入 规 范

项 目	录入类型	选择录入内容	录 入 规 范
所属线路	选择生成		
杆塔设计编号	手工录入		
杆塔数字编号	手工录入		按照实际选择。示例："1"
杆塔性质	选择录入	分支，换位，直线，终端，耐张，转角，门架	按照实际选择
固定方式	选择录入	自立，拉线	按照实际选择。示例："自立""拉线"
生产厂家	选择录入		按照实际选择
出厂日期	选择录入		按照实际选择
地形	选择录入	平原，丘陵，山地，泥沼，河网，农田，草原，戈壁滩，林牧区，沙漠，其他	按照实际所在地形选择
是否换相	选择录入	是，否	按照实际选择
是否同杆架设	选择录入	是，否	按照实际选择

续表

项　目	录入类型	选择录入内容	录　入　规　范
横担型号	手工录入		按照实际填写
横担型式	手工录入		按照实际填写。示例："单杆"
电压等级	选择录入	500kV，220kV，110kV，35kV	按照实际选择
杆塔形状	选择录入	猫头塔，上字塔，干字塔，酒杯塔，羊角塔紧凑型	按照竣工图纸选择。示例："猫头塔"
杆塔高/m	手工录入		按照实际录入杆塔全高。示例："45"；单位："m"
相序/极别	选择录入		按照实际选择。示例："ABC""BCA""CBA"
海拔/m	手工录入		按照竣工验收资料录入。示例："45"；单位："m"
设计污秽等级	选择录入	A，B，C，D，E	按照实际选择
实际污秽等级	选择录入	A，B，C，D，E	按照实际测量值及污染情况的变化选择
资产单位	选择录入		
设计气象划分	选择录入	Ⅰ，Ⅱ，Ⅲ，Ⅳ，Ⅴ，Ⅵ，Ⅶ，Ⅷ，Ⅸ	按照设计资料选择
杆塔规格型号	手工录入		按照实际选择。示例："JGU3"
杆塔材质	选择录入	角钢塔，铁塔，钢管塔，钢管杆，水泥杆，轻型铁塔，门架	按照实际选择。示例："角钢塔""钢管塔""钢管杆""水泥杆"
至上基塔挡距/m	手工录入		按照竣工验收资料录入，挡距必须在小号侧杆塔录入，♯1～♯2杆塔的挡距在♯1杆塔录入。示例："22"；单位："m"
转角方向和度数	手工录入＋选择录入		按照竣工图纸录入，保留小数点后两位。示例："10.21"；单位："度"
设备编码	自动生成		
投运日期	选择录入		按照设备最早投运日期选择。示例："2013－12－06"
建设日期	选择录入		按照设备最早建设日期选择。示例："2013－08－06"
是否终端	选择录入	是，否	按照实际选择。示例："是"

项 目	录入类型	选择录入内容	录 入 规 范
同杆架设回路数	手工录入		按照实际填写
接地型式图纸设计代号	手工录入		按照竣工验收资料录入。示例："T1"
接地电阻设计值/Ω	手工录入		按照设计资料的接地电阻值录入。示例："5.00"；单位："Ω"
接地电阻实际值/Ω	手工录入		按照实际测量的接地电阻值录入。示例："6.00"；单位："Ω"
导线型号	手工录入		按照竣工验收资料录入。示例："LGJ-240/30"
地线型号	手工录入		按照竣工验收资料录入。示例："GJ-50"
呼称高/m	手工录入		按照竣工图纸内容录入。示例："35"；单位："m"
导线排列方式	选择录入	垂直，三角，水平，六角	按照实际选择。示例："垂直""三角""水平""六角"

5. 绝缘子录入规范

绝缘子录入规范见表2-8-6。

表2-8-6　　　　　　　　绝缘子录入规范

项 目	录入类型	选择录入内容	录 入 规 范
设备型号	手工录入		按照实际选择。示例："XWP-70"
绝缘子类别	选择录入	玻璃，瓷质，复合，瓷（玻璃）复合，瓷棒绝缘子	按照实际选择。示例："玻璃""瓷质""复合"
爬电距离/mm	手工录入		按照出厂资料填写
绝缘子使用位置	选择录入	直线串，耐张串，跳线串	按照实际选择
结构高度/mm	手工录入		按照出厂资料填写。示例："146.00"
绝缘子材料	选择录入	合成，玻璃，瓷复合，瓷质	按照实际选择
所属线路	选择录入		按照实际选择
杆塔运行编号	选择录入		按照实际选择
生产厂家	手工录入		按照实际填写
出厂日期	选择录入		按照出厂证书选择，具体到日。示例："2011-08-06"

续表

项　　目	录入类型	选择录入内容	录　入　规　范
投运日期	选择录入		按照设备最早投运日期选择。示例："2012 - 11 - 06"
数量（串或支）	手工录入		按照实际录入。示例："1"；（单位：串或支）
单串片数	手工录入		按照实际录入，复合绝缘子每支片数写 1，瓷长棒绝缘子录入每串由瓷长棒组成的只数，一般 500kV 一相由 3 只组成。其他绝缘子录入实际片数。示例："1""16""17"
普通或防污	选择录入	普通，防污	按照实际选择。示例："普通""防污"

6. 基础/金具录入规范

基础/金具录入规范见表 2 - 8 - 7。

表 2 - 8 - 7　　　　　　　　　基础/金具录入规范

项　　目	录入类型	选择录入内容	录　入　规　范
所属线路	选择录入		按照实际选择
杆塔运行编号	选择录入		按照实际选择
基础形式	选择录入	台阶式刚性，复合式沉井，大板，岩石嵌固（锚杆），灌注桩，预制，掏挖基础	按照竣工验收资料选择
地脚螺栓型号	手工录入		按照竣工验收资料填写。示例："M27"
埋深/m	手工录入		按照竣工验收资料填写。示例："3.00"
金具类别选择	选择录入		按照实际选择
金具名称	手工录入		按照出厂资料录入。示例："悬垂线夹""耐张线夹""球头挂环""碗头挂环""U 型挂环""直角挂环""钳压接续金具""液压接续金具""螺栓接续金具""爆压接续金具""防震锤""护线条""阻尼线""可调式 UT 型线夹""钢线卡子""双拉线联板"

续表

项 目	录入类型	选择录入内容	录 入 规 范
使用位置	选择录入	导线，跳线，地线，拉线	按照实际选择导线、地线、跳线等
型号	手工录入		按照实际选择。示例："XGU-2"
安装相别	选择录入	A，B，C，三相，中相、边相	按照实际选择
安装距离/m	手工录入		按照实际录入，主要针对接续金具和防护金具。示例："2.45"；单位：m
数量	手工录入		按实际数量录入。示例："1"
投运日期	选择录入		按照设备最早投运日期选择。示例："2012-11-06"
生产厂家	手工录入		按照实际填写
压接点型式	选择录入	（空值），螺栓，液压，钳压，爆压	按照产品使用说明书选择。示例："螺栓""液压""钳压""爆压"

7. 拉线录入规范

拉线录入规范见表2-8-8。

表2-8-8　　　　　拉 线 录 入 规 范

项 目	录入类型	选择录入内容	录 入 规 范
拉线类型	选择录入	导拉，地拉，合力，侧拉，"腰拉"	按照实际选择
拉线型号	手工录入		按照产品使用说明书选择。示例："GJ-35"
安装位置	选择录入	左前，左后，右前，右后	按照实际安装位置选择。示例："左前""左后""右前""右后"
拉线根数	手工录入		按照实际录入。示例："8"
拉线棒型号	手工录入		按照设备铭牌或出厂资料选择。示例"LB-12"
拉盘规格	手工录入		按照设备铭牌或出厂资料录入。示例："LP-13"
拉盘基础图号	手工录入		按照竣工验收资料录入。示例："3"
所属线路	选择录入		
运行杆塔编号	手工录入		

8. 附属设施录入规范

附属设施录入规范见表 2-8-9。

表 2-8-9　　　　　　　　　　附 属 设 施 录 入 规 范

项　目	录入类型	选择录入内容	录　入　规　范
设备类型	选择录入	避雷器，避雷针，故障指示器，航巡指示器，防鸟装置，防坠装置，航空障碍装置，防舞动装置，放电间隙装置，防冰雪装置，接地挂环，标志牌，警示牌	按照实际选择。示例："避雷器""避雷针""故障指示器""航巡指示器""防鸟装置""防坠装置""航空障碍装置""防舞动装置""放电间隙装置""防冰雪装置""接地挂环""标志牌""警示牌"
设备名称	手工录入		按照实际录入。示例："避雷器"
设备型号	手工录入		按照实际填写
安装位置	选择录入	导线，避雷线，跳线，杆塔	按照实际选择。示例："导线""避雷线""跳线""杆塔"
安装相别	选择录入	A，B，C	按照实际选择。示例："A""B""C"
数量	手工录入		按照实际数量录入，示例："6"
所属线路	手工选择		按照实际录入
投运日期	选择录入		按照设备最早投运日期选择。示例："2013-09-06"
生产厂家	手工录入		按照实际选择
杆塔运行编号	手工录入		
备注	手工录入		录入需要补充说明的内容

9. 电缆本体录入规范

电缆本体录入规范见表 2-8-10。

表 2-8-10　　　　　　　　　　电 缆 本 体 录 入 规 范

项　目	录入类型	选择录入内容	录　入　规　范
电缆编号	自动生成		
所属线路	自动生成		
相别	选择录入	A，B，C，O，三相，备用相	按照实际选择。示例："A""B"
起点位置	手工录入		按照实际选择。示例："五福站"
终点位置	手工录入		按照实际选择
电缆长度/m	手工录入		按照电缆的实际长度录入。示例："1032"；单位："m"
设备型号	选择录入		按照实际选择

项　目	录入类型	选择录入内容	录　入　规　范
生产厂家	选择录入		按照实际选择
出厂日期	选择录入		按照出厂证书选择，具体到日。示例："2012－09－06"
投运日期	选择录入		按照设备最早投运日期选择。示例："2012－09－06"
额定电压	手工录入		按照实际录入。示例："110"；单位："kV"
芯数	选择录入	单芯，三芯	按照实际选择。示例："单芯""三芯"
截面积	手工录入		按照实际录入。示例：单位："mm^2"
载流量	手工录入		按照实际录入。示例："300"；单位："A"
敷设方式	选择录入	隧道，管道，沟槽，架空，直埋，桥架	按照竣工验收资料选择。示例："隧道""管道""沟槽"
并联根数	手工录入		无并接填"0"，两根电缆并联使用填"1"，依次类推

10. 电缆终端头录入规范

电缆终端头录入规范见表 2－8－11。

表 2－8－11　　　　　　　　　　电缆终端头录入规范

项　目	录入类型	选择录入内容	录　入　规　范
终端编号	自动生成		按照实际录入
所属线路	自动生成		按照实际录入。示例："东化线"
相别	选择录入	A，B，C，O，三相，备用相	按照实际选择。示例："A""B"
型号	手工录入		按照实际选择。示例："YJZWG4－64/110－1　630"
终端类型	选择录入	空气终端，GIS终端，油浸终端	按照实际选择。示例："空气终端""GIS终端""油浸终端"
制作工艺	选择录入	热缩，冷缩，"预制"，"绕包"，"油浸瓷瓶"	按照实际选择。示例："热缩""冷缩""预制""绕包""油浸瓷瓶"
生产厂家	选择录入		按照实际录入。示例："特变电工昭和电缆附件有限公司"
出厂编号	手工录入		按照出厂资料录入

续表

项　目	录入类型	选择录入内容	录　入　规　范
出厂日期	选择录入		按照出厂证书选择，具体到日。示例："2012 - 11 - 06"
投运日期	选择录入		按照设备最早投运日期选择。示例："2013 - 03 - 06"
施工单位	手工录入		按照实际录入
图纸编号	手工录入		按照图纸资料录入
资产编号	自动生成		从 ERP 自动生成
备注	手工录入		录入需要补充说明的内容

11. 电缆中间接头录入规范

电缆中间接头录入规范见表 2 - 8 - 12。

表 2 - 8 - 12　　　　　　　　电缆中间接头录入规范

项　目	录入类型	选择录入内容	录　入　规　范
接头编号	自动生成		
所属线路	自动生成		
安装位置	手工录入		按照设备的实际安装位置录入
相别	选择录入	A, B, C, O, 三相, 备用相	按照实际选择
接头类型	选择录入	绝缘接头，直通接头，塞止接头，过渡接头	按照实际选择。示例："绝缘接头""直通接头""塞止接头""过渡接头"
制作工艺	选择录入	热缩，冷缩，绕包，预制，油浸瓷瓶	根据产品使用说明书选择，示例："热缩""冷缩""预制""绕包"
型号	手工录入		根据产品铭牌实际填写
生产厂家	选择录入		按照实际选择
出厂编号	手工录入		按照出厂资料录入
出厂日期	选择录入		按照出厂证书选择，具体到日。示例："2012 - 11 - 06"
投运日期	选择录入		按照设备最早投运日期选择。示例："2013 - 03 - 06"
施工单位	手工录入		按照实际录入
图纸编号	手工录入		按照图纸资料录入。示例："1"
资产编号	自动生成		从 ERP 自动生成
备注	手工录入		录入需要补充说明的内容

12. 电缆接地箱录入规范

电缆接地箱录入规范见表 2-8-13。

表 2-8-13 电缆接地箱录入规范

项　目	录入类型	选择录入内容	录　入　规　范
设备名称	手工录入		按照"电压等级＋'接地箱'"规则录入。示例："110kV 电缆直接接地箱"
设备编号	自动生成		
所属线路	自动生成		
安装位置	手工录入		录入所在工井、终端塔编号＋"工井"或"变电站终端塔"。示例："♯3 工井""东郊♯1 终端塔"
组号	手工录入		从电源侧开始顺序编号。示例："♯2"
型号	手工录入		按照实际型号选择。示例："JDX-01"
生产厂家	选择录入		按照实际选择
出厂编号	手工录入		按照出厂资料录入
出厂日期	选择录入		按照出厂证书选择，具体到日。示例："2012-11-06"
投运日期	选择录入		按照设备最早投运日期选择。示例："2013-03-06"
接线方式	手工录入		按照竣工验收资料录入。示例："直接接地"
进线电缆	手工录入		按照竣工验收资料录入
出线回路数	手工录入		按照实际录入。示例："1"
额定电压/kV	手工录入		按照实际录入。示例："110kV"
额定电流/A	手工录入		按照出厂试验报告或铭牌录入
资产编号	自动生成		从 ERP 自动生成
备注	手工录入		录入需要补充说明的内容

13. 电缆交叉互连箱录入规范

电缆交叉互连箱录入规范见表 2-8-14。

表 2-8-14 电缆交叉互连箱录入规范

项　目	录入类型	选择录入内容	录　入　规　范
设备名称	手工录入		录入"电压等级＋'交叉互连箱'"。示例："110kV 电缆交叉互连箱"
设备编号	自动生成		

续表

项 目	录入类型	选择录入内容	录 入 规 范
所属线路	自动生成		
安装位置	手工录入		录入所在工井、终端塔编号＋"工井"/"终端塔"。示例："♯2工井""东郊变♯1终端塔"
组号	手工录入		从电源侧开始顺序编号。示例："♯5"
型号	选择录入		按照设备实际型号选择。示例："JHX-01"
生产厂家	选择录入		按照实际选择
出厂日期	选择录入		按照出厂证书选择，具体到日。示例："2012-11-06"
出厂编号	手工录入		按照出厂资料录入
投运日期	选择录入		按照设备最早投运日期选择。示例："2013-03-06"
出线回路数	手工录入		按照实际录入。示例："1"
额定电压/kV	手工录入		按照实际录入。示例："110"；单位："kV"
额定电流/A	手工录入		按照出厂试验报告或产品铭牌录入。示例："50"；单位："A"
资产编号	自动生成		从ERP自动生成
备注	手工录入		录入需要补充说明的内容

14. 电缆故障指示器录入规范

电缆故障指示器录入规范见表2-8-15。

表2-8-15 电缆故障指示器录入规范

项 目	录入类型	选择录入内容	录 入 规 范
安装位置	手工录入		录入"所在工井或终端塔编号＋'工井'或'终端塔'"。示例："东郊变1♯终端塔""3♯工井"
所属线路	自动生成		
型号	手工录入		按照产品铭牌实际录入
生产厂家	选择录入		按照实际选择
出厂日期	选择录入		按照出厂证书选择，具体到日。示例："2012-11-06"

续表

项　目	录入类型	选择录入内容	录　入　规　范
投运日期	选择录入		按照设备最早投运日期选择。示例："2013－03－06"
设备编号	自动生成		
备注	手工录入		录入需要补充说明的内容

15. 电缆避雷器录入规范

电缆避雷器录入规范见表2－8－16。

表 2－8－16　　　　　　　　　　电缆避雷器录入规范

项　目	录入类型	选择录入内容	录　入　规　范
设备名称	手工录入		录入"电压等级＋'避雷器'"。示例："110kV 避雷器"
所属线路	自动生成		
安装位置	手工录入		按照设备的实际安装位置录入。示例："东郊变""3♯工井"
型号	手工录入		按照实际选择。示例："YH10W－108/281"
生产厂家	选择录入		按照实际选择。示例："杭州永德电气有限公司"
出厂日期	选择录入		按照出厂证书选择，具体到日。示例："2012－11－06"
投运日期	选择录入		按照设备最早投运日期选择。示例："2013－03－06"
相别	选择录入	A，B，C，O，三相，备用相	按照实际选择。示例："A""B""三相"
放电计数器型号	手工录入		按照产品铭牌录入
有无信号抽取箱	选择录入	有，无	按照出厂资料实际录入
施工单位	手工录入		按照实际录入
资产编号	自动生成		从 ERP 自动生成
备注	手工录入		录入需要补充说明的内容

16. 电缆其他附属设施录入规范

电缆其他附属设施录入规范见表2－8－17。

表 2-8-17 电缆其他附属设施录入规范

项 目	录入类型	选择录入内容	录入规范
设备名称	手工录入	消防设备，技防设备，通风设备，空调设备	按照实际录入。示例："非储压式超细干粉灭火装置"
安装位置	手工录入		按照设备的实际安装位置录入。示例："东郊变""3♯工井接头间"
生产厂家	选择录入		按照实际选择
型号	手工录入		按照设备实际型号录入
出厂日期	选择录入		按照出厂证书选择，具体到日。示例："2012-11-06"
投运日期	选择录入		按照设备最早投运日期选择。示例："2013-03-06"
资产编号	自动生成		从 ERP 自动生成
备注	手工录入		录入需要补充说明的内容

参 考 文 献

［1］ 中华人民共和国工业和信息化部 . JB/T 3837—2016 变压器类产品型号编制方法 ［S］. 北京：机械工业出版社，2017.

［2］ 国家能源局 . DL/T 1624—2016 电力系统厂站和主设备命名规范 ［S］. 北京：中国电力出版社，2017.